Dimensionamento de fundações profundas

Blucher

Urbano Rodriguez Alonso

Engenheiro civil
Professor aposentado da Faculdade de Engenharia
da Fundação Armando Alvares Penteado
Professor aposentado da Escola de Engenharia da
Universidade Presbiteriana Mackenzie

Dimensionamento de fundações profundas

3ª edição

Dimensionamento de fundações profundas

1ª edição - 1988
2ª edição - 2012
3ª edição - 2019

Editora Edgard Blücher Ltda.

Blucher

Rua Pedroso Alvarenga, 1245, 4º andar
04531-012 - São Paulo - SP - Brasil
Tel.: 55 11 3078-5366
contato@blucher.com.br
www.blucher.com.br

Segundo o Novo Acordo Ortográfico, conforme 5. ed. do *Vocabulário Ortográfico da Língua Portuguesa*, Academia Brasileira de Letras, março de 2009.

Dados Internacionais de Catalogação na Publicação (CIP)
Angélica Ilacqua CRB-8/7057

Alonso, Urbano Rodriguez
Dimensionamento de fundações profundas / Urbano Rodriguez Alonso. - 3. ed. - São Paulo : Blucher, 2019.
164 p.

Bibliografia
ISBN 978-85-212-1386-4 (impresso)
ISBN 978-85-212-1387-1 (e-book)

1. Fundações (engenharia) I. Título

18-2175 CDD 624.15

Índices para catálogo sistemático:
1. Engenharia de fundações 624.15
2. Fundações : Engenharia 624.15

A minha esposa, meus filhos e meu neto.

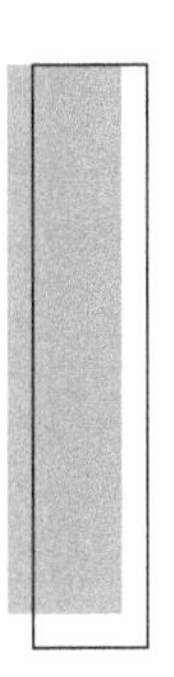

APRESENTAÇÃO

Motivado pela boa receptividade do meu primeiro livro *Exercícios de fundações* e atendendo à solicitação de alguns colegas, escrevi este segundo, cujo conteúdo vem complementar o primeiro e preencher uma lacuna existente em nosso meio técnico.

Presta-se este livro tanto aos engenheiros de fundações quanto aos de estruturas e pretende-se reforçar o conceito de que ambos devem trabalhar em conjunto, pois as hipóteses usadas por um devem ser compatíveis com as usadas pelo outro.

A divisão da obra em estrutura e fundação tem apenas caráter didático, pois, na realidade, a obra é uma só, tendo uma parte acima do solo e outra abaixo. Por isso as reações estimadas pelo engenheiro de estruturas serão as ações usadas pelo engenheiro de fundações, que deverá verificar se os deslocamentos, sob a ação dessas cargas, estão dentro da ordem de grandeza daqueles estimados pelo engenheiro de estruturas quando forneceram as respectivas cargas, resultando desse confronto, e eventual ajuste de valores, o que se denomina *interação solo-estrutura*.

Procurei usar neste livro a mesma sistemática do primeiro, apresentando, em cada capítulo, um resumo dos conceitos teóricos básicos apoiados em exercícios resolvidos. Aqueles que desejarem aprofundar-se mais nos temas encontrarão ao final de cada capítulo a bibliografia por mim consultada.

Cabe finalmente lembrar que, ao tratar de fundações profundas, estou me referindo tanto às estacas quanto aos tubulões, uma vez que do ponto de vista de trabalho não existe uma diferença marcante entre os dois. Entre nós costuma-se diferenciar as estacas dos tubulões apenas pelo fato de que, nestes últimos, pelo menos em sua etapa final de escavação, há a descida de operários em seu interior.

No texto do livro, preferi utilizar a denominação estaca, ficando explícito que tudo que for exposto para estas também é válido para os tubulões.

Espero, finalmente, que este livro venha a ser útil a meus colegas e informo que qualquer sugestão ou crítica serão sempre bem recebidas, bastando para tanto que as mesmas sejam encaminhadas à Editora Edgard Blücher Ltda., que as fará chegar às minhas mãos.

O autor
São Paulo, 1988

CONTEÚDO

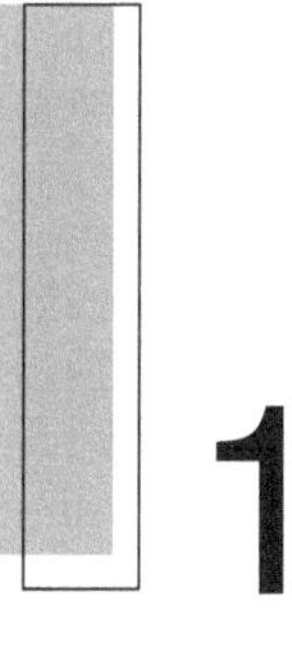

1 DIMENSIONAMENTO ESTRUTURAL

1.1 GENERALIDADES

A capacidade de carga de uma estaca é obtida como o menor dos dois valores:

a) resistência estrutural do material da estaca.

b) resistência do solo que lhe dá suporte.

Para a obtenção da resistência referente a *b*, podem-se usar os métodos de cálculo de transferência de carga, como os propostos por Aoki-Velloso, Décourt-Quaresma e outros. Esses métodos podem ser encontrados nas referências ao final do capítulo e deixarão de ser abordadas por serem de conhecimento amplo em nosso meio técnico. Assim, será abordado apenas o aspecto da resistência estrutural, conforme se segue.

Se a estaca estiver submetida apenas a cargas de compressão que lhe imponham tensões médias inferiores a 5 MPa, não haverá necessidade de armá-la, a não ser que o processo executivo exija alguma armadura. Se, porém, a tensão média ultrapassar esse valor, a estaca deverá ser armada no trecho que essa tensão for superior a 5 MPa até a profundidade na qual a transferência de carga, por atrito lateral, diminua a compressão no concreto para uma tensão média inferior a 5 MPa. Cabe lembrar que a transferência de carga corresponde à parcela de atrito lateral (FL) resistida pelo solo ao longo do fuste e calculado pelos métodos de Aoki-Velloso, Décourt-Quaresma, ou outros, como já dissemos.

O dimensionamento do trecho comprimido da estaca com tensão superior a 5 MPa ou de qualquer outro segmento da mesma, sujeito a outros esforços (tração, flexão, torção ou cortante), deverá ser feito de acordo com o disposto na norma NBR 6118, adotando-se os valores para resistência característica do concreto e os coeficientes de majoração das cargas e mineração das resistências indicados naquela norma e na NBR 6122 da ABNT. Na Tab. 1.1 apresenta-se um resumo dos valores propostos por essas normas.

No caso das estacas com revestimento metálico perdido e totalmente enterrado em solo natural, pode-se levar em conta a contribuição da resistência desse revestimento desde que se desconte 1 a 3,2 mm sua de espessura, conforme a Tabela 5 da NBR 6122:2010. Como, porém, o comportamento estrutural na ruptura de uma seção desse tipo de estacas é diferente do comportamento sob a ação das cargas em serviço, há necessidade de se verificar a resistência estrutural no estado-limite de ruptura (quando se leva em conta a contribuição do revestimento metálico e os coeficientes indicados na Tab. 1.1) e no de utilização (quando se despreza totalmente a contribuição do revestimento metálico e se adota $\gamma_f = 1$ e $\gamma_c = 1{,}3$). No caso de existir base alargada, a armadura de transição entre o fuste e a base será feita apenas no estado-limite de ruptura. Como nos itens 2.1.2 e 2.2.2 do livro *Exercícios de Fundações* (ref. 2) existem exemplos de dimensionamento deste tipo de estacas, deixaremos de apresentar outros exemplos neste capítulo.

Tabela 1.1 Valores básico recomendados: NBR 6122:2010.

Tipos de estacas	*fck* MPa	γ_f	γ_s	γ_c
1. Estacas moldadas "in loco"				
Hélice contínua	20	1,4	1,15	1,8
1.1 Tipo de broca	15	1,4	1,15	1,9
1.2 Tipo Strauss	15	1,4	1,15	1,9
1.3 Tipo Franki	20	1,4	1,15	1,8
1.4 Escavadas com uso de fluido	20	1,4	1,15	1,8
1.5 Microestacas	20	1,4	1,15	1,8
2. Estacas pré-moldadas				
2.1 Sem controle sistemático do concreto	25	1,4	1,15	1,4
2.2 Com controle sistemático do concreto	35	1,4	1,15	1,3
3. Tubulões				
3.1 Não revestidos	20	1,4	1,15	1,8
3.2 Revestidos com camisa de concreto	20	1,4	1,15	1,5
3.3 Revestidos com camisa de aço (ver item 8.6.4.2 da NBR 6122:2010)				

1.2 DIMENSIONAMENTO NA COMPRESSÃO

O Cálculo estrutural de uma estaca sujeita a compressão com tensão média superior a 5 MPa é feito a partir das prescrições da NBR 6118, atendendo-se ao coeficiente mínimo de segurança global igual a 2. Segundo a NBR 6122, quando as estacas ou tubulões forem submetidos as cargas de compressão e tiverem sua cota de arrasamento acima do nível do terreno, levada em conta a eventual erosão, ou atravessarem solos moles devem ser verificadas à flambagem.

Para o caso particular das estacas metálicas imersas em solo mole, mesmo que a cota de arrasamento estiver no nível do terreno (ou abaixo dele) a carga crítica de flambagem (carga de ruptura) pode ser estimada pela expressão de Bergflet, citada por Velloso (ref. 15):

$$N_{crit} = k\sqrt{C.E.I.}$$

onde: k é um coeficiente variável entre 8 e 10

C é a coesão não drenada da argila

E é o módulo de elasticidade do material da estaca

I é o menor momento de inércia da seção transversal da estaca

Outras considerações sobre a flambagem de estacas poderão ser obtidas na referência bibliográfica 4.

Se for constatado que a ruptura não ocorrerá por flambagem, o cálculo poderá ser feito conforme item 4.1.1.3 da NBR 6118, majorando-se a carga de compressão na proporção (1 + 6/h) mas não menor que 1,1. em que h, medido em centímetros, seja o menor lado do retângulo mais estreito circunscrito à seção da estaca.

A expressão a adotar será:

$$N_d\left(1+6/h\right)=0{,}85\ A_c\cdot fcd+A_s^{'}\cdot fyd$$

em que: $N_d = \gamma_f \cdot N$

$fcd = fck/\gamma_c$

$fyd = fyk/\gamma_s$ ou $0{,}2\%\ E_s$

A armadura mínima a adotar será 0,5% A, em que A é a área da seção transversal da estaca. (Para aplicação, ver 2º Exercício.)

No caso de estacas parcialmente enterradas, o comprimento de flambagem pode ser obtido adotando-se o modelo de Davisson e Robinson (ref. 7). Segundo esses autores, a estaca poderá ser substituída por outra equivalente com comprimento total L_e, como se mostra esquematicamente na Fig. 1.1. O valor de η_h poder ser obtido na Tab. 4.3 do Cap. 4.

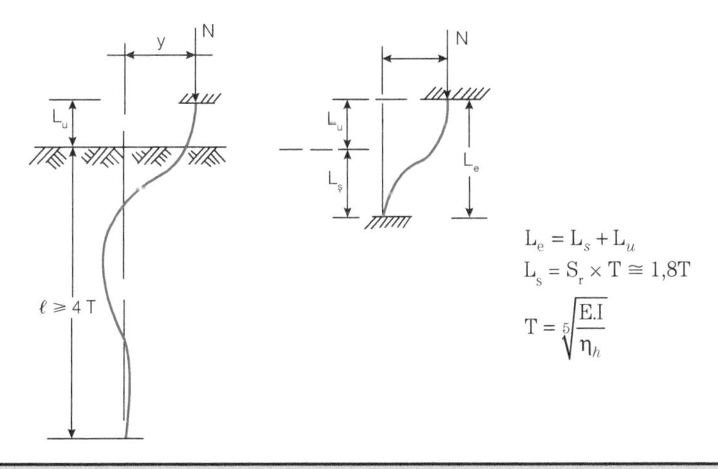

Figura 1.1 – Obtenção do comprimento de flambagem L_{fe}.

Conhecido o valor do comprimento de flambagem L_{fl}, o cálculo é feito de acordo com o item 4.1.1.3 da NBR 6118, ou seja, calcula-se o índice de esbeltez dado por:

$$\lambda = \frac{L_{fl}}{i}$$

em que $i = \sqrt{I / A}$, sendo I o momento de inércia da seção da estaca e A, a área de sua seção transversal.

Se $\lambda \leq 40$, o cálculo é feito pelo processo simplificado, como já se expôs acima.

Para $40 < \lambda \leq 90$, o cálculo será feito introduzindo-se os momentos de segunda ordem dados por:

$$M_{1d} = \gamma_f \times N\,(0{,}015 + 0{,}03h)$$

em que h tem a mesma significação já exposta anteriormente. A relação $h/30$ não será adotada inferior a 2 cm.

$$M_{2d} = \gamma_f \cdot N \cdot \frac{L_{fl}^2}{30} \cdot \frac{1}{r}$$

em que $\frac{1}{r} = \frac{0{,}005}{h\,(\partial + 0{,}5)}$

$\partial = \frac{\gamma_f \cdot N}{A \cdot fcd}$, porém não inferior a 0,5.

A peça será então dimensionada à flexão composta com uma carga normal de compressão $N_d = \gamma_f N$, em que γ_f é obtido na Tab. 1.1 e um momento

$$M_d = M_{1d} + M_{2d}$$

No caso de $90 < \lambda \leq 200$, o cálculo será feito de maneira análoga, porém adotando-se

$$\gamma_f = 1{,}4 + 0{,}01\,(\lambda - 90)$$

Em nenhum caso se poderá ter $\lambda > 200$.

Para o dimensionamento à flexão composta usam-se os ábacos existentes, por exemplo, nos livros de **Pfeil** ou de **Montoya** (refs. 12 e 13). Para o caso de seções circulares maciças, podem ser usados os ábacos das Figs. 1.2 a 1.5, extraídas dos apontamentos de aulas do professor Lobo B. Carneiro. (Para aplicação, ver 3° Exercício.)

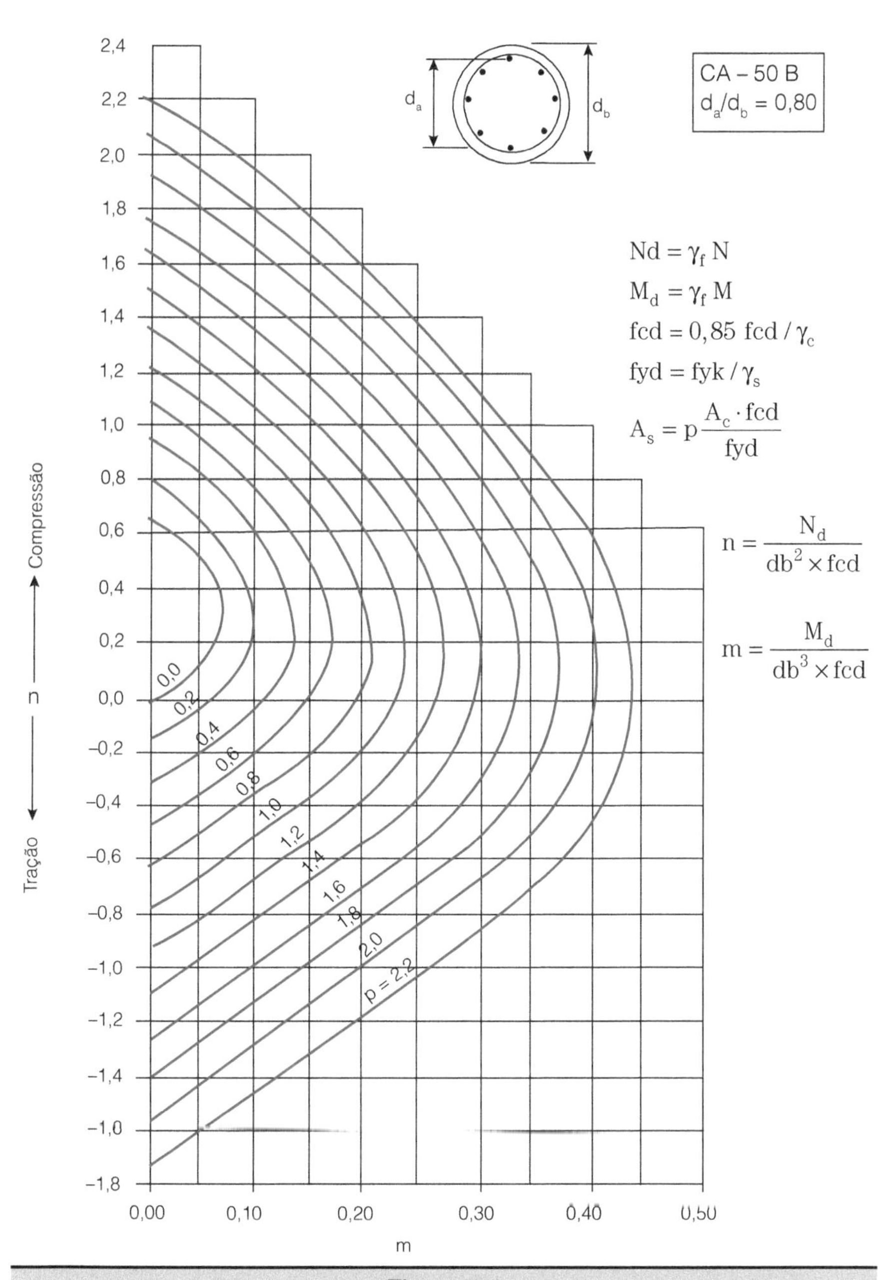

CA – 50 B
$d_a/d_b = 0,80$
d_a
d_b
$Nd = \gamma_f N$
$M_d = \gamma_f M$
$fcd = 0,85\ fcd / \gamma_c$
$fyd = fyk / \gamma_s$
$A_s = p \frac{A_c \cdot fcd}{fyd}$
$n = \frac{N_d}{db^2 \times fcd}$
$m = \frac{M_d}{db^3 \times fcd}$
Tração ← n → Compressão
m
0,0
0,2
0,4
0,6
0,8
1,0
1,2
1,4
1,6
1,8
2,0
p = 2,2
2,4
2,2
2,0
1,8
1,6
1,4
1,2
1,0
0,8
0,6
0,4
0,2
0,0
–0,2
–0,4
–0,6
–0,8
–1,0
–1,2
–1,4
–1,6
–1,8
0,00
0,10
0,20
0,30
0,40
0,50

Figura 1.2

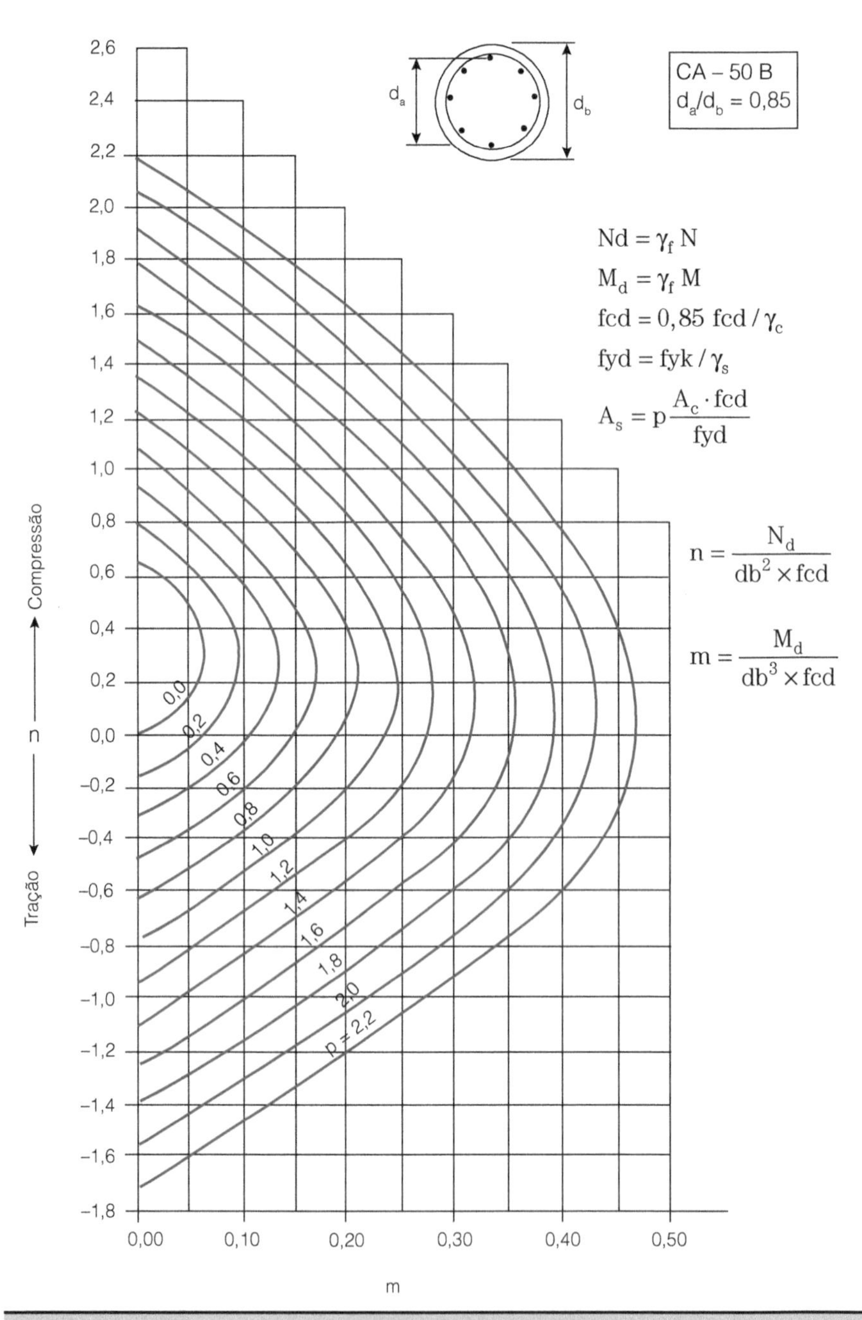

CA – 50 B
$d_a/d_b = 0,85$
d_a
d_b
$Nd = \gamma_f N$
$M_d = \gamma_f M$
$fcd = 0,85 fcd / \gamma_c$
$fyd = fyk / \gamma_s$
$A_s = p \frac{A_c \cdot fcd}{fyd}$
$n = \frac{N_d}{db^2 \times fcd}$
$m = \frac{M_d}{db^3 \times fcd}$
Tração ← n → Compressão
2,6
2,4
2,2
2,0
1,8
1,6
1,4
1,2
1,0
0,8
0,6
0,4
0,2
0,0
–0,2
–0,4
–0,6
–0,8
–1,0
–1,2
–1,4
–1,6
–1,8
0,0
0,2
0,4
0,6
0,8
1,0
1,2
1,4
1,6
1,8
2,0
p = 2,2
0,00
0,10
0,20
0,30
0,40
0,50
m

Figura 1.3

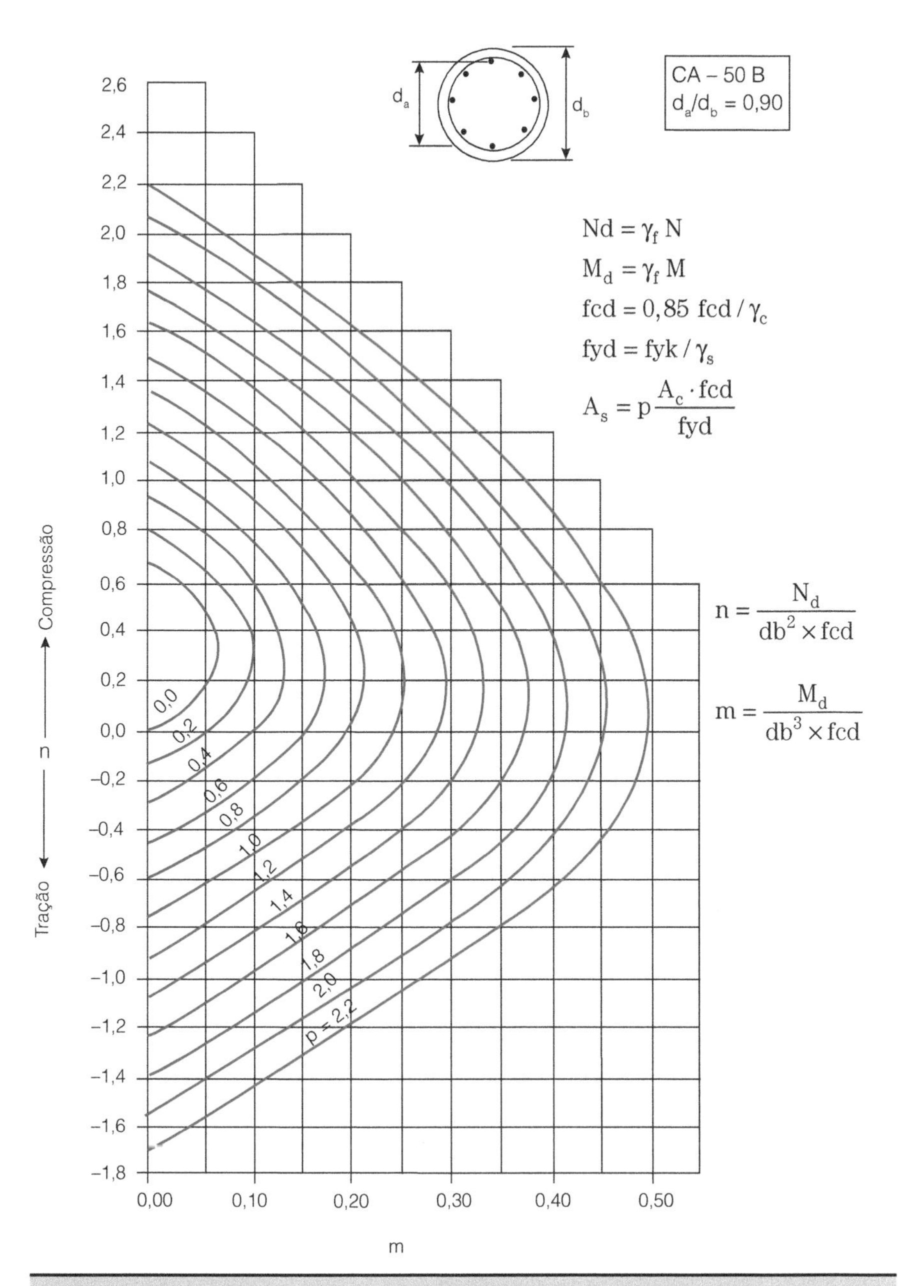
CA – 50 B
$d_a/d_b = 0{,}90$
d_a
d_b
$Nd = \gamma_f N$
$M_d = \gamma_f M$
$fcd = 0{,}85\ fcd / \gamma_c$
$fyd = fyk / \gamma_s$
$A_s = p \dfrac{A_c \cdot fcd}{fyd}$
$n = \dfrac{N_d}{db^2 \times fcd}$
$m = \dfrac{M_d}{db^3 \times fcd}$
Tração ← n → Compressão
m
0,0
0,2
0,4
0,6
0,8
1,0
1,2
1,4
1,6
1,8
2,0
p = 2,2
2,6
2,4
2,2
2,0
1,8
1,6
1,4
1,2
1,0
0,8
0,6
0,4
0,2
0,0
–0,2
–0,4
–0,6
–0,8
–1,0
–1,2
–1,4
–1,6
–1,8
0,00
0,10
0,20
0,30
0,40
0,50

Figura 1.4

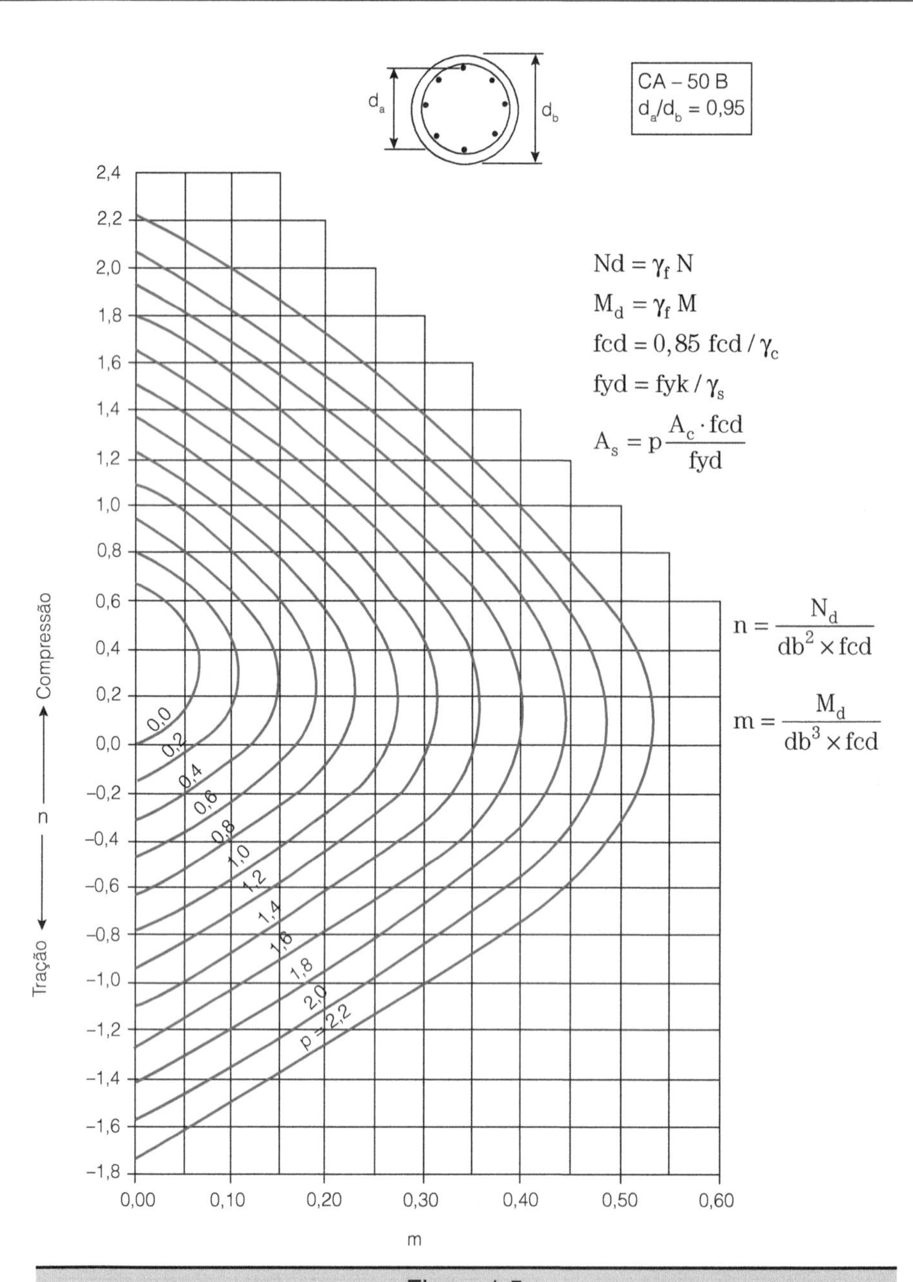

d_a
d_b
CA – 50 B
d_a/d_b = 0,95
Nd = γ_f N
M_d = γ_f M
fcd = 0,85 fcd / γ_c
fyd = fyk / γ_s
A_s = p A_c · fcd / fyd
n = N_d / db² × fcd
m = M_d / db³ × fcd
Tração ← n → Compressão
m
0,0
0,2
0,4
0,6
0,8
1,0
1,2
1,4
1,6
1,8
2,0
p = 2,2

Figura 1.5

1.3 DIMENSIONAMENTO NA TRAÇÃO

Para este caso, a estaca será sempre armada, sendo a seção da armadura condicionada pela abertura máxima permitida para as fissuras.

Como geralmente a taxa dessa armadura nas estacas é reduzida, pode-se usar a fórmula simplificada do item 4.2.2 da NBR 6118:

$$\omega = \frac{\varnothing}{2\eta_b - 0{,}75} \cdot \frac{3 \cdot \sigma_s^2}{E_s \cdot ftk}$$

em que:

$\varnothing$ é o diâmetro, em mm, das barras tracionadas

η_b é o coeficiente de aderência, nunca superior a 1,8

E_s *é o* módulo de elasticidade do aço, ou seja, 210.000 MPa

σ_s é a tensão máxima atuante no aço tracionado para garantir a abertura prefixada das fissuras

ftk é a resistência característica do concreto à tração, ou seja,

$$ftk = \frac{fck}{10} \quad \text{para} \quad fck \leq 20 \text{ MPa}$$

$$ftk = 0{,}06 \; fck + 0{,}7 \; \text{para} \; fck > 20 \, \text{MPa}$$

os valores de ω são:

1. para estacas não protegidas em meio agressivo (fissuras até 0,1 mm)
2. para estacas não protegidas em meio não agressivo (fissuras até 0,2 mm)
3. para estacas protegidas (fissuras até 0,3 mm)

Uma aplicação pode ser vista no 4º Exercício.

1.4 DIMENSIONAMENTO NA FLEXÃO SIMPLES E COMPOSTA

A flexão numa estaca pode ser decorrente de esforços devido ao manuseio e ao transporte (caso de estacas pré-moldadas) ou da própria estrutura.

Se a estaca for de seção circular, o cálculo é feito usando-se os ábacos de flexão composta já citados. Se a estaca é de seção quadrada ou retangular, usam-se as tabelas de vigas existentes nos livros que tratam do dimensionamento de vigas retangulares, como, por exemplo, a Tab. 1.2. Cabe ressaltar que a armadura de flexão não deverá ser inferior a 0,15% A.

Um aspecto importante no dimensionamento desse tipo de solicitação refere-se ao cortante. Se a estaca é de seção quadrada ou retangular, esse dimensionamento não tem maiores dificuldades e é feito seguindo-se o prescrito na NBR 6118, ou seja:

$$\tau_{wd} = \frac{V_d}{b_w \cdot d} \leq \begin{cases} 0{,}25 \; fcd \\ 4{,}5 \text{ MPa} \end{cases}$$

em que $Vd = \gamma_f \cdot V$, sendo V o cortante na seção considerada.

A seção da armadura, em cm²/m, quando se usam estribos de dois ramos, é dada por

$$A_s = \frac{100}{fyd} \cdot b_w \cdot \tau_d$$

em que $\tau_d = 1{,}15\ \tau_{wd} - \tau_c$

$$\tau_c = \psi_1 \sqrt{fck}$$

sendo ψ_1 = 0,07 para taxa de armadura igual ou inferior a 0,1% e 0,14 para taxa de armadura igual ou superior a 1,5%, interpolando-se linearmente entre esses dois valores.

Na Tab. 1.3 apresenta-se o valor de A_s em cm²/m para os estribos de dois ramos em função do diâmetro dos mesmos. A armadura mínima de cortante é dada por $A_{s/s}$ = 0,14% *bw*. Como a Tab. 1.3 foi elaborada para *s* = 1 m, ou seja, 100 cm, a armadura mínima, por metro de estaca, será então A_s = 0,14 *bw*, em que *bw* é expresso em cm. (Para aplicação, ver 5º Exercício.)

Quando a estaca é de seção circular, não existe um roteiro preestabelecido na norma para esse cálculo. O cálculo proposto a seguir é aproximado e foi exposto ao autor pelo professor Lauro Modesto dos Santos, conforme se segue:

- calcula-se a tensão $\tau_{wd} = \frac{\gamma_f \cdot V}{a^2}$, em que *a* é o lado do quadrado inscrito à seção circular da estaca.
- procura-se, por tentativas, a posição da linha neutra. Para este cálculo podem-se usar, por exemplo, as tabelas do livro do professor Lauro Modesto (ref. 11). Para o uso destas tabelas, impõe-se um valor para β_y e obtendo-se os valores de β, β e K correspondentes.

Para a obtenção dos valores β e β', usam-se as Tabs. I 55 a I 61 e para obtenção de *K* as Tabs. I 79 e I 81 da referência bibliográfica 11.

- calcula-se $\Omega = \beta' - K\beta$
- se $|\Omega| = \mu = \frac{\gamma_f \cdot M}{\sigma_{cd} \cdot A \cdot d}$ então o valor adotado para β_y é o real.
- finalmente, calcula-se a porcentagem de barras tracionadas conforme esquema e cálculos abaixo:

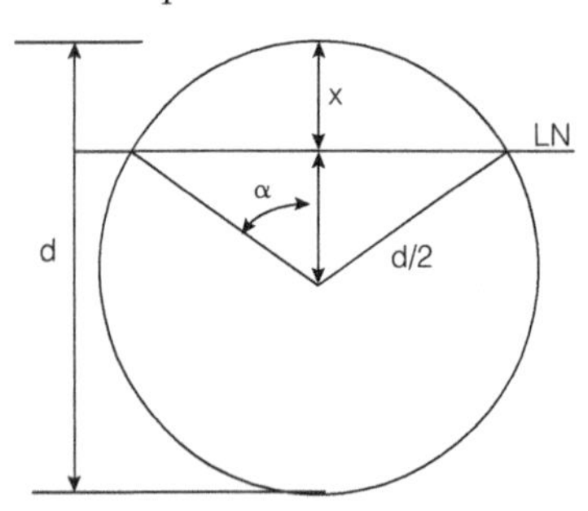

$$x = \beta_x d$$

porcentagem de armadura tracionada

$$\rho = \frac{360^\circ - 2\alpha}{360^\circ} \cdot n$$

em que *n* é o número total de barras longitudinais existentes na estaca.

- conhecida a porcentagem ρ, o cálculo é análogo ao exposto para seção retangular, em que se calculam os valores de τ_c, τ_d e $\tau_{sw/s}$ conforme já exposto acima. (Para aplicação, ver 6º Exercício).

Tabela 1.2 Cálculo de armadura simples em peças retangulares.

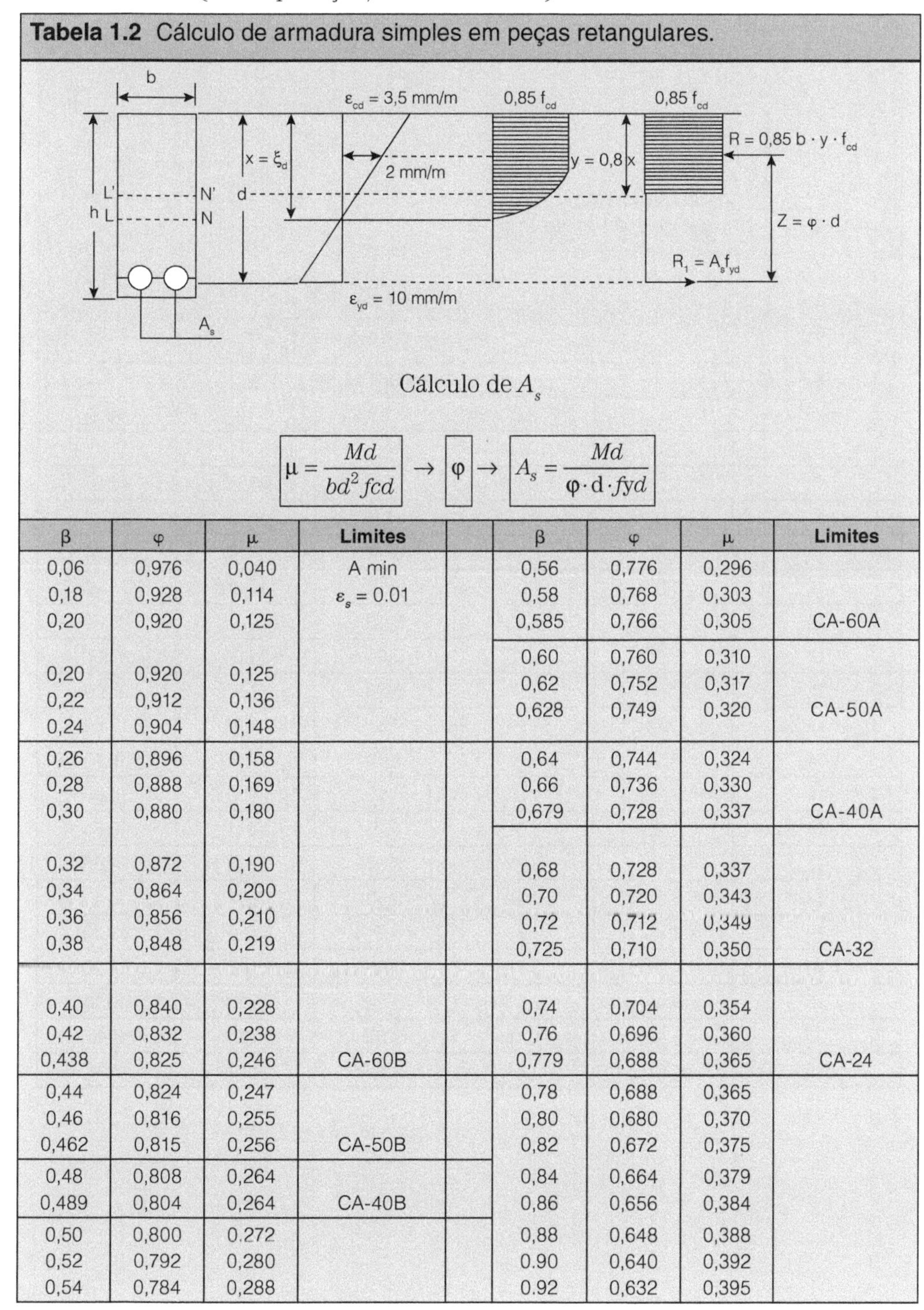

Cálculo de A_s

$$\mu = \frac{Md}{bd^2 fcd} \rightarrow \varphi \rightarrow A_s = \frac{Md}{\varphi \cdot d \cdot fyd}$$

β	φ	μ	Limites		β	φ	μ	Limites
0,06	0,976	0,040	A min		0,56	0,776	0,296	
0,18	0,928	0,114	ε_s = 0.01		0,58	0,768	0,303	
0,20	0,920	0,125			0,585	0,766	0,305	CA-60A
0,20	0,920	0,125			0,60	0,760	0,310	
0,22	0,912	0,136			0,62	0,752	0,317	
0,24	0,904	0,148			0,628	0,749	0,320	CA-50A
0,26	0,896	0,158			0,64	0,744	0,324	
0,28	0,888	0,169			0,66	0,736	0,330	
0,30	0,880	0,180			0,679	0,728	0,337	CA-40A
0,32	0,872	0,190			0,68	0,728	0,337	
0,34	0,864	0,200			0,70	0,720	0,343	
0,36	0,856	0,210			0,72	0,712	0,349	
0,38	0,848	0,219			0,725	0,710	0,350	CA-32
0,40	0,840	0,228			0,74	0,704	0,354	
0,42	0,832	0,238			0,76	0,696	0,360	
0,438	0,825	0,246	CA-60B		0,779	0,688	0,365	CA-24
0,44	0,824	0,247			0,78	0,688	0,365	
0,46	0,816	0,255			0,80	0,680	0,370	
0,462	0,815	0,256	CA-50B		0,82	0,672	0,375	
0,48	0,808	0,264			0,84	0,664	0,379	
0,489	0,804	0,264	CA-40B		0,86	0,656	0,384	
0,50	0,800	0.272			0,88	0,648	0,388	
0,52	0,792	0,280			0.90	0,640	0,392	
0,54	0,784	0,288			0.92	0,632	0,395	

Tabela 1.3 Valores de A_{sw} em cm²/m para estribos de dois ramos.
Roteiro de cálculo (unidades em MPa).

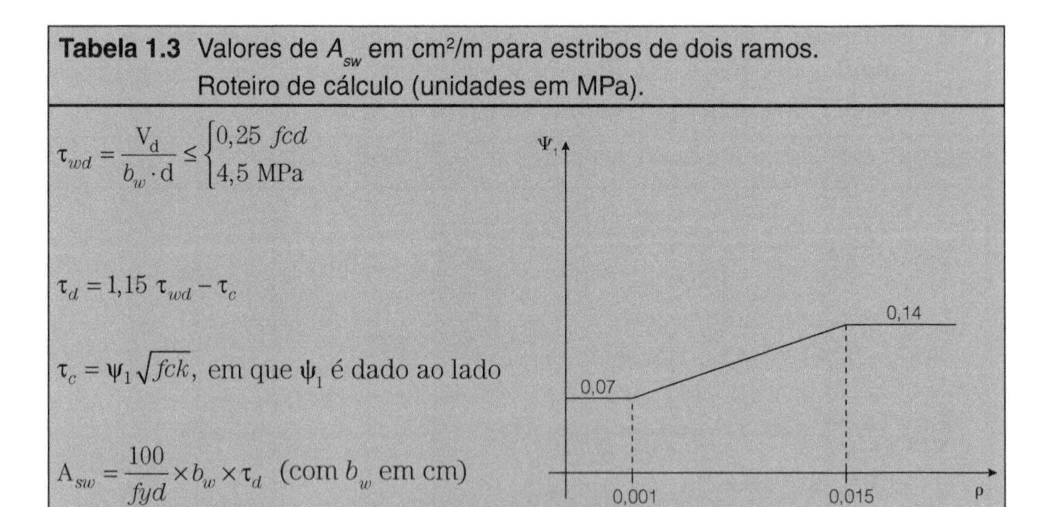

Espaçamento (cm)	Diâmetro (mm)				
	5	6,3	8	10	12,5
5	7,12	12,68	–	–	–
6	5,94	10,60	16,50	23,80	42,20
7	5,08	9,05	14,10	20,40	36,20
8	4,44	7,92	12,40	17,80	31,70
9	3,96	7,04	11,00	15,80	28,20
10	3,56	6,33	9,90	14,30	25,30
11	3,24	5,76	9,00	13,00	23,00
12	2,96	5,28	8,25	11,90	21,10
13	2,74	4,87	7,61	11,00	19,50
14	2,54	4,52	7,07	10,20	18,10
15	2,38	4,22	6,60	9,50	16,90
16	2,22	3,96	6,19	8,91	15,80
17	2,10	3,73	5,82	8,38	14,90
18	1,98	3,52	5,50	7,92	14,10
19	1,88	3,33	5,21	7,50	13,30
20	1,78	3,17	4,95	7,13	12,70
25	1,42	2,53	3,96	5,70	10,10
30	1,18	2,11	3,30	4,75	8,45
35	1,00	1,81	2,83	4,07	7,24

Tabela 1.4 Área da seção de armadura A_s (cm^2).

Bitola ∅			Nominal para cálculo		Número de fios ou de barras									
Fios (mm)	**Barras (mm)**	**Diâmetro (pol)**	**Peso linear (kgf/m)**	**μ perímetro (cm)**	**1**	**2**	**3**	**4**	**5**	**6**	**7**	**8**	**9**	**10**
3,2	–	–	0,06	1,00	0,08	0,16	0,24	0,32	0,40	0,48	0,56	0,64	0,72	0,80
4	–	–	0,10	1,25	0,125	0,25	0,375	0,50	0,625	0,75	0,875	1,00	1,125	1,25
5	5	≅ 3/16	0,16	1,60	0,20	0,40	0,60	0,80	1,00	1,20	1,40	1,60	1,80	2,00
6,3	6,3	≅ 1/4	0,25	2,00	0,315	0,63	0,945	1,26	1,575	1,89	2,205	2,52	2,835	3,15
8	8	≅ 5/16	0,40	2,50	0,50	1,00	1,50	2,00	2,50	3,00	3,50	4,00	4,50	5,00
10	10	≅ 3/8	0,63	3,15	0,80	1,60	2,40	3,20	4,00	4,80	5,60	6,40	7,20	8,00
–	12,5	≅ 1/2	1,00	4,00	1,25	2,50	3,75	5,00	6,25	7,50	8,75	10,00	11,25	12,50
–	16	≅ 5/8	1,60	5,00	2,00	4,00	6,00	8,00	10,00	12,00	14,00	16,00	18,00	20,00
–	20	≅ 3/4	2,50	6,30	3,15	6,30	9,45	12,60	15,75	18,90	22,05	25,20	28,35	31,50
–	25	≅ 1	4,00	8,00	5,00	10,00	15,00	20,00	25,00	30,00	35,00	40,00	45,00	50,00
–	32	≅ 11/4	6,30	10,00	8,00	16,00	24,00	32,00	40,00	48,00	56,00	64,00	72,00	80,00

1.5 EXERCÍCIOS RESOLVIDOS

1º *Exercício*: calcular a carga crítica de flambagem de uma estaca metálica I 12" × 5 1/4"(60,6 kg/m) cravada através de uma camada de argila mole que apresenta coesão de 10 kPa.

Solução:

Segundo o catálogo da Companhia Siderúrgica Nacional a estaca acima apresenta $I_{min} = 563\ cm^4$. Adotando-se k = 9 e E = 210 000 MPa, tem-se:

$$N_{crit} = 9\sqrt{10 \times 210000 \times 10^3 \times 563 \times 10^{-8}} \therefore$$

$$N_{crit} = 979\ kN$$

Se for adotado um coeficiente de segurança 2, a carga máxima de trabalho, do ponto de vista estrutural, não poderia ser superior a N = 979/2 ≅ 490 kN, valor praticamente igual à metade daquele que se obteria sem considerar a flambagem, onde é comum se adotar $\sigma = 12\ kN/cm^2$. Neste caso teríamos:

$$N_{s/fl} = \bar{\sigma} \cdot A = 12 \times 77{,}3 \cong 930\,kN.$$

2º *Exercício:* Dimensionar a armadura de uma estaca maciça com diâmetro de 30 cm sujeita a uma carga de compressão em seu topo de 2.800 kN e com um diagrama de transferência de carga para o solo, conforme indicado abaixo. Adotar concreto com *fck* = 16 MPa e aço CA 50.

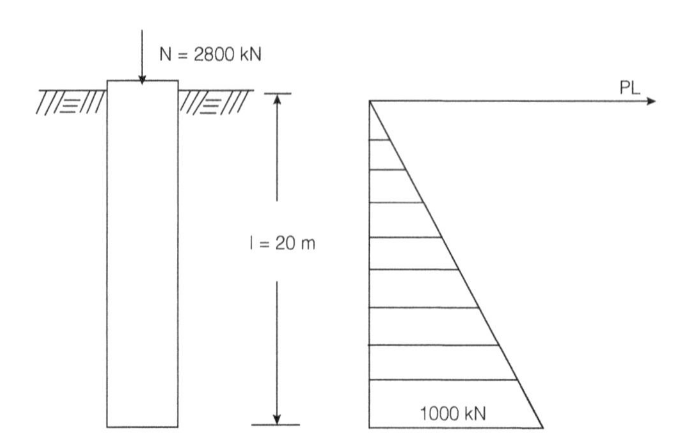

Solução:

Inicialmente, será verificado se a tensão na estaca é superior a 5 MPa, quando então se calculará o trecho que necessitará ser armado.

$$\left.\begin{array}{l} N = 2.800\ kN \\ A = \dfrac{\pi \times 0{,}8^2}{4} \cong 0{,}5\,m^2 \end{array}\right\} \sigma = \frac{2.800}{0{,}5} = 5.600\ kN/m^2 \text{ ou } 5{,}6\ MPa$$

Como a tensão σ_c ultrapassou 5 MPa, há necessidade de armar a estaca até a profundidade em que esse valor não seja ultrapassado.

Assim

$$\frac{N - PL}{A} = 5 \text{ MPa} \therefore$$

$$\frac{2.800 - PL}{0,5} = 5.000 \ \therefore \ PL = 300 \text{ kN}.$$

ou seja, a estaca deverá ser armada até a profundidade

$$z = \frac{20}{1.000} \times 300 = 6 \text{ m}$$

Para simplificar os cálculos, será adotada uma armadura constante correspondente à carga máxima de compressão, com $\lambda \leq 40$, pois a estaca está totalmente enterrada.

$$\gamma_f \cdot N \cdot \left(1 + \frac{6}{h}\right) = 0,85 \ A_c \cdot fcd + A'_s \ fyd$$

em que

$$\gamma_f = 1,4$$

$$1 + \frac{6}{h} = 1 + \frac{6}{80} = 1,075 \text{ dotado } 1,1$$

$$fcd = 16 \div 1,4 = 11,4 \text{ MPa} = 11.400 \text{ kN/m}^2$$

$$fyd = \begin{cases} \dfrac{500}{1,15} \cong 435 \text{ MPa} \\ 0,2\% \ E_s = 0,2\% \times 210.000 = 420 \text{ MPa ou } 420.000 \text{ kN/m}^2 \end{cases}$$

$$1,4 \times 2.800 \times 1,1 = 0,85 \times 0,5 \times 11,400 + A'_s \ 2.000 \therefore$$

$A'_s < 0$ usar armadura mínima

$$A'_s \min = \frac{0,5}{100} \times 5.000 = 25 \text{ cm}^2, \text{ sejam } 8 \ \phi \ 20 \text{ mm}$$

3° *Exercício:* Dimensionar a armadura da estaca pré-moldada vazada: cada ao lado sendo conhecidos:

concreto da estaca fck = 30 MPa

aço Ca 50 A fyk = 500 MPa

diâmetro externo da estaca = 70 cm

espessura da parede =11 cm

coeficiente de reação do solo nh = 0,55 MN/m^3

trecho enterrado da estaca > 4 T

topo engastado, com translação

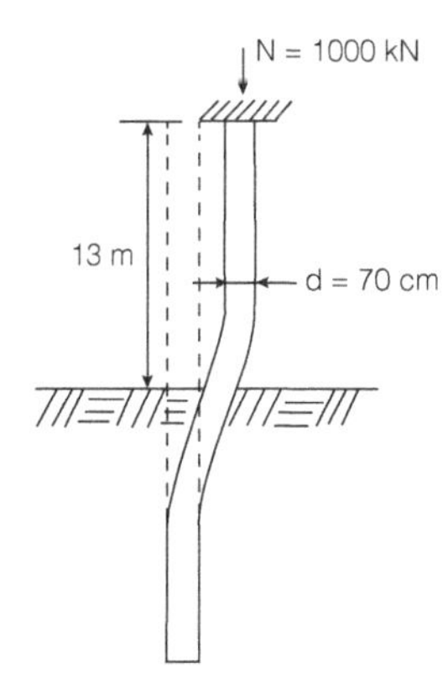

Solução:

$$T = (EI / nh)^{1/5} = (21.000 \times 0,00918 / 0,55)^{1/5}$$

$$\therefore T = 3,23 \text{ m}$$

$$L_s = 1,8 \ T \cong 5,80 \text{ m}$$

$$L_{fl} = 13 + 5,80 = 18,80 \text{ m}$$

$$\lambda = \frac{L_{fl}}{i} = \frac{1.880}{21,2} = 80 < 90$$

$$M_{ld} = 1,4 \times 1.000 \times (0,015 + 0,03 \times 0,7) \cong 50 \text{ kN.m}$$

$$fcd = \frac{30}{1,3} = 23 \text{ MPa (controle sistemático do concreto)}$$

$$fyd = \begin{cases} \dfrac{500}{1,15} = 435 \text{ MPa} \\ \dfrac{0,2}{100} \times 210.000 = 420 \text{ MPa} \end{cases}$$

$$\partial = \frac{1,4}{0,2039} \times \frac{1.000}{23.000} = 0,3 \text{ adotado } \partial \text{ min} = 0,5$$

$$\frac{1}{r} = \frac{0,005}{0,7(0,5 + 0,5)} = 0,0071 \text{ m}^{-1}$$

$$M2_d = 1,4 \times 1.000 \cdot \frac{18,80^2}{10} \cdot 0,0071 = 352 \text{ kN.m}$$

$$M_d = M_{ld} + M2_d = 402 \text{ kN.m}$$

A estaca será então dimensionada para o par de valores

$$\left.\begin{array}{l} N_d = 1,4 \times 1.000 = 1.400 \text{ kN} \\ M_d = 402 \text{ kN.m} \end{array}\right\} e = \frac{402}{1.400} \cong 0,30 \text{ m}$$

Usando-se a Tabela 6.2 de Pfeil (ref. 13) tem-se

$$\left.\begin{array}{l} \partial_1 = \dfrac{1.400 \times 10^{-3}}{0,85 \times 23 \times 0,7^2} = 0,15 \\ \partial_1 \dfrac{e}{d} = 0,21 \times \dfrac{0,3}{0,7} = 0,09 \end{array}\right\} \text{abaco } 6.4 \rightarrow \omega \cong 0,2$$

$$\rho = 0,2 \ \frac{23}{420} = 0,011 \text{ ou } 1,1 \ \%$$

$$A_s = 0,011 \times \frac{\pi \cdot 70^2}{4} \cong 43 \text{ cm}^2 \rightarrow 14 \ \phi \ 20 \text{ mm}$$

4º *Exercício:* Dimensionar a armadura de uma estaca pré-moldada de 12 m de comprimento, diâmetro externo de 50 cm e parede de 9 cm para as etapas de manipulação e transporte, e para a fase final trabalhando à compressão de 1.300 kN ou 180 kN de tração.

Adotar fck = 30 MPa e controle sistemático.

Solução:

Na fase de transporte e manipulação, admitir-se-á que a solicitação mais crítica seja quando a estaca for levantada pelo terço de seu comprimento, conforme esquema abaixo:

4 m 8 m

$$A_c = \frac{\pi}{4}\left(0,5^2 - 0,32^2\right) = 0,116 \text{ m}^2$$

$$q = 0,116 \times 25 = 2,9 \text{ kN/m}$$

$$M = \frac{2,9 \times 4^2}{2} = 23,2 \text{ kN.m}$$

Para se levar em conta efeitos de impacto, aumentaremos esse momento 30% ou seja:

$$M \cong 30 \text{ kN.m}$$

$$fcd = \frac{30}{1,3} = 23 \text{ MPa}$$

$$fyd = \begin{cases} \dfrac{500}{1,15} = 435 \text{ MPa} \\ \dfrac{0,2}{100} \times 210.000 = 420 \text{ MPa} \end{cases}$$

Usando-se, por exemplo, o ábaco de Montoya (ref. 12)

$$\left.\begin{array}{l} \partial = 0 \\ \mu = \dfrac{1,4 \times 30 \times 10^{-3}}{0,116 \times 0,5 \times 23} = 0,031 \end{array}\right\} \omega - 0,07$$

$$A_s = 0,07 \times 1.160 \times \frac{23}{420} = 4,5 \text{ cm}^2$$

$$A_s \text{ mín.} = \frac{0,5}{100} \times 1.160 = 5,8 \text{ cm}^2$$

O dimensionamento para a fase final, trabalhando à compressão de 1.300 kN, será feito como pilar curto ($\lambda < 40$), pois a estaca estará totalmente enterrada e supõe-se que o cálculo mostrou que a mesma não flambará.

$$\gamma_f \cdot (1 + 6/h) \cdot \mathrm{N} = 0,85\ \mathrm{A}_c\ fcd + \mathrm{A}_s'\ fyd$$

$$1,4 \times 1,12 \times 1.300 \times 10^{-3} = 0,85 \times 0,116 \times 23 + \mathrm{A}_s' \times 420$$

$$\therefore \mathrm{A}_s' = \text{mín.} = 5,8\ \mathrm{cm}^2$$

Finalmente, o cálculo para a estaca trabalhando à tração será feito admitindo-se meio agressivo não protegido, ou seja, $\omega = 1$ (fissuras com abertura máxima de 0,1 mm).

$$ftk = 0,06 \times 30 + 0,7 = 2,5\ \mathrm{MPa}$$

$$\eta_b = 1,5$$

$$1 = \frac{\phi}{2 \times 1,5 - 0,75} \cdot \frac{3\sigma_s^2}{210.000 \times 2,5} \therefore$$

$$\sigma_s = \frac{627}{\sqrt{\varnothing}}$$

$\varnothing$ em mm

σ_s em MPa

Se adotarmos barras $\varnothing = 10$ mm, a tensão de tração máxima será:

$$\sigma_s = \frac{627}{\sqrt{10}} \cong 198\ \mathrm{MPa}$$

$$\mathrm{A}_s = \frac{\mathrm{N}_{tk}}{\sigma_s} = \frac{180 \times 10^{-3}}{198} = 0,91 \times 10^{-3}\ \mathrm{m}^2 \text{ ou } 9,1\ \mathrm{cm}^2$$

Conclusão:

A armadura que atende simultaneamente a todas as fases de carregamento da estaca será

$$\mathrm{A}_s = 9,1\ \mathrm{cm}^2 \rightarrow 12\ \varnothing\ 10\ \mathrm{mm}$$

5º *Exercício*: Dimensionar a armadura de uma estaca de seção quadrada de 30 × 30 cm sujeita a um momento M = 45 kNm e a um cortante Q = 40 kN, sabendo-se que a mesma será confeccionada com concreto de fck = 20 MPa e aço CA 50 A.

Solução:

O cálculo da armadura de flexão será feito usando-se a Tab. 1.2 e o da armadura de cortante a Tab. 1.3.

armadura de flexão:

$$fcd = 20 / 1,4 = 14\ \mathrm{MPa}$$

$$fyd = \begin{cases} \dfrac{500}{1,15} = 435\ \mathrm{MPa} \\ \dfrac{0,2}{100} \times \mathrm{E_s} \cong 420\ \mathrm{MPa} \end{cases}$$

$$\left.\begin{array}{l} b = 0,3\ \mathrm{m} \\ d = 0,27\ \mathrm{m} \end{array}\right\} bd^2 fcd \cong 0,3\ \mathrm{MN\,m}$$

$$\mu = \frac{1,4 \times 45 \times 10^{-3}}{0,3} = 0,21 \rightarrow \varphi = 0,856$$

$$As = \frac{1,4 \times 45 \times 10^{-3}}{0,856 \times 0,27 \times 420} \cong 0,0007 \text{ m}^2 \text{ ou } 7 \text{ cm}^2 \rightarrow 4\ \phi\ 16\text{mm}$$

armadura mínima 0,15% x 30^2 = 1,35 cm^2

armadura de cortante:

$$\tau_{wd} \frac{1,4 \times 40 \times 10^{-3}}{0,3 \times 0,27} = 0,69 \text{ MPa} < \begin{cases} 0,25\ fcd \\ 4,5 \text{ MPa} \end{cases}$$

$$\rho = \frac{4 \times 2}{30 \times 27} \cong 0,01 \rightarrow \psi_1 \cong 0,11$$

$$\tau_c = 0,11\sqrt{16} = 0,44 \text{ MPa}$$

$$\tau_d = 1,15 \times 0,69 - 0,44 = 0,36 \text{ MPa}$$

$$A_{sw} = \frac{100}{420} \times 30 \times 0,36 = 2,6 \text{ cm}^2 / \text{m}$$

Armadura mínima A_s = 0,14 × 30 = 4,2 cm²/m → ∅ 6,3 *c* 15 cm

6º *Exercício:* Dimensionar a armadura de uma estaca circular maciça com 80 cm de diâmetro, sujeita a um momento M = 600 kN.m e a um cortante 180 kN, sabendo-se que a mesma será confeccionada com concreto de *fck* = 20 MPa e aço CA 50 A.

Solução:

Os valores de *fcd* e *fyd* são os mesmos do exercício anterior.

$$A_c = \pi \times 0,8^2 / 4 \cong 0,5 \text{ m}^2$$

$$\left.\begin{aligned} & n = 0 \\ & m = \frac{1,4 \times 10^{-3}}{0,8^3 \times 11,4} = 0,14 \end{aligned}\right\} p = 0,5$$

$$A_s = 0,5 \cdot \frac{5.000 \times 11,4}{420} = 68 \text{ cm}^2 \rightarrow 14\ \phi\ 25 \text{ mm}$$

Armadura mínima 0,15% × 5.000 = 7,5 cm²

Armadura de cortante:

Lado do quadrado inscrito $a = 80\sqrt{2/2} = 56,5$ cm

$$\tau_{wd} = \frac{1,4 \times 180 \times 10^{-3}}{0,565^2} = 0,79 \text{ MPa}$$

$$\tau_{cd} = 0,8\ fck / \gamma_c \cong 11,5 \text{ MPa}$$

$$\mu = \frac{1,4 \times 600 \times 10^{-3}}{11,5 \times 0,5 \times 0,8} \cong 0,20$$

Determinação de ρ por tentativas até que $|\Omega| = \mu$.

O cálculo foi feito usando-se as Tabelas da ref. 11. Após várias tentativas, adotamos $\beta_v = 0{,}25$.

Tab. I 55: $\beta = 0{,}196$ e $\beta' = 0{,}029$

Tab. I 80 : $K = 1{,}309$ e $\beta_x = 0{,}3125$

$\Omega = 0{,}029 - 1{,}309 \times 0{,}196 = -0{,}228 \cong -0{,}23$

$x = 0{,}3125 \times 80 = 25$ cm

$\cos \alpha = 15/40 \therefore \alpha \cong 68 \therefore 2\alpha = 136^\circ$

barras tracionadas $\dfrac{360-136}{360} \times 14 \cong 9$ barras

$$\rho = \frac{9 \times 5}{5.000} = 0{,}009 \rightarrow \psi_1 \cong 0{,}10$$

$$\tau_c = 0{,}1\sqrt{20} \cong 0{,}4 \text{ MPa}$$

$$\tau_d = 15 \times 0{,}79 - 0{,}4 = 0{,}51 \text{ MPa}$$

$$A_{sw} = \frac{100}{420} \times 56{,}5 \times 0{,}51 = 6{,}86 \text{ cm}^2/\text{m}$$

Armadura mínima:

$A_s = 0{,}14 \times 56{,}5 = 7{,}9$ cm²/m $\rightarrow \varnothing$ 10 *c* 18 cm

1.6 REFERÊNCIAS

[1] ABNT (Associação Brasileira de Normas Técnicas) – NBR 6118 – Projeto e Execução de Obras de Concreto Armado – (antiga NB1); NBR 6122 – Projeto e Execução de Fundações (antiga NB51).

[2] Alonso, U. R. *Exercícios de Fundações*. Blucher Ltda.

[3] Alonso, U. R. Estimativa da transferência de carga de estacas escavadas a partir do SPT. *Revista Soios e Rochas,* abril e agosto – 1983.

[4] Alonso, U. R. "Reavaliação do Problema de Flambagem de Estacas". *Revista de Engenharia da FAAP* – nov. 1988.

[5] Aoki, N & Velloso D. *An Aproximate Method to Esiimate the Bearing Capacity of Piles.* V P.C.S.M.F.E., Buenos Aires, 1975.

[6] Bortulucci, A. A e outros "Programa para Cálculo de Capacidade de Carga em Estacas. Fórmulas Empíricas – MICROGEO 88 – S.P. 23 a 26 out. 88.

[7] Davisson, M.T. e Robinson K. E. *Bending and Buckling of Partialfy Embebed Piles.* II. P.C.S.M.F.E., São Paulo, 1963.

[8] Décourt. L. & Quaresma A. R. Capacidade de Carga de Estacas a partir de Valores de SPT. VI C.B.M.S.E.F., Rio de Janeiro, 1978.

[9] Décourt, L. "Prediction of Bearing Capacity of Piles Based Exclusively on N Values of SPT" 2nd European Symposium on Penetration Testing – Amsterdam – 1982.

[10] MSX "Linguagem Basic" Editora Aleph.

[11] Modesto dos Santos, L. "Cálculo de Concreto Armado" – Volume 2, Editora LMS Ltda.

[12] Montoya, P. J. *Hormigon Armado.* Editora Gustavo Gili S. A.

[13] Pfeil, W. *Dimensionamento de Concreto Armado à Flexão Composta.* Livros Técnicos e Científicos Editora S.A.

[14] Philipponnat, G. "Método Prático de Cálculo de Estacas Isoladas com Emprego do Penetrômetro Estático" – Tradução dos engenheiros Nelson S. Godoy e Nelcio Azevedo Jr para a ABMS, julho 1986.

[15] Velloso, D. A. "Fundações em Estacas" – Publicações de Firma – Estacas Franki.

[16] Velloso, P. P. "Dados para a Estimativa do Comprimento de Estacas em Solo" – Ciclo de Palestras Sobre Estacas Escavadas – Clube de Engenharia – Rio de Janeiro – 1981.

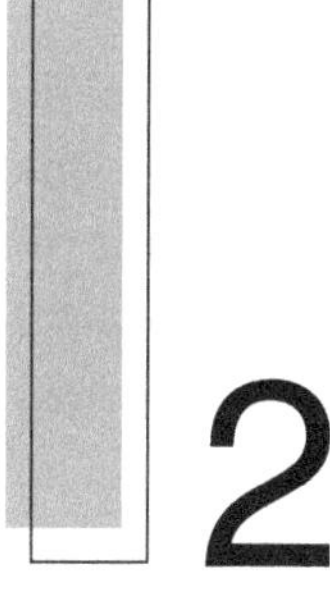

2 CÁLCULO DE ESTAQUEAMENTO

2.1 GENERALIDADES

Para se distribuir as cargas provenientes da estrutura às estacas, há necessidade de se criar um bloco de coroamento. Ao conjunto de estacas assim solidarizadas pelo bloco de coroamento denomina-se *estaqueamento,* podendo o mesmo ser constituído por estacas verticais, estacas inclinadas ou por ambas (Fig. 2.1).

No caso de só existirem estacas verticais, os esforços horizontais provenientes da estrutura serão absorvidos por flexão dessas estacas, conforme se exporá no Cap. 4. Porém se for desprezada a contenção lateral do solo, a absorção dos esforços horizontais somente será possível se existirem estacas inclinadas distribuídas, de modo a formar "cavaletes" que absorverão esses esforços horizontais pela composição de forças de tração, atuantes num conjunto de estacas do cavalete, e de compressão no outro conjunto. É esse tipo de estaqueamento que será estudado neste capítulo.

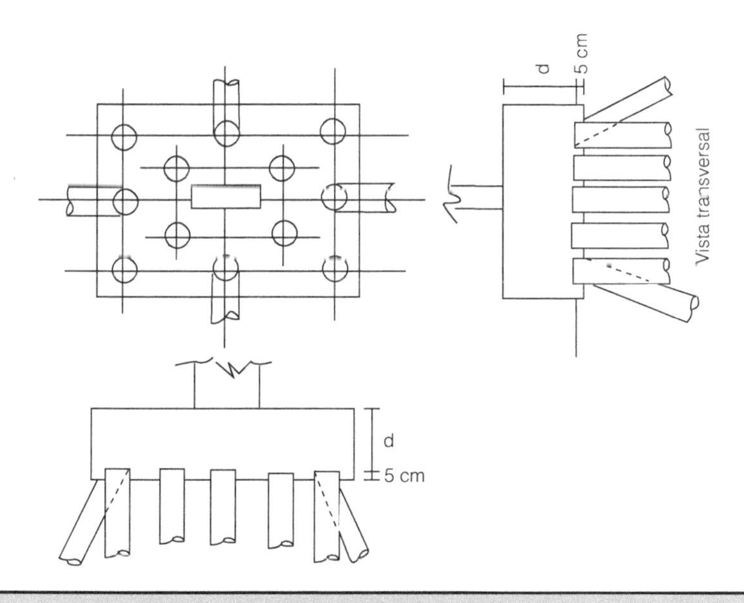

Figura 2.1 – Exemplo de estaqueamento.

2.2 CRITÉRIO DE CÁLCULO

Os métodos que serão apresentados a seguir desprezam a contenção lateral do solo, considerando as estacas como hastes birrotuladas no topo e na ponta da mesma (esta é a maior crítica que se faz a esses métodos). Entre esses métodos, os mais divulgados entre nós são os devidos a Schiel e Nökkentved. Modelos mais sofisticados levando em conta a interação solo-estrutura estão ainda em desenvolvimento, não existindo, até o momento, algum que seja de uso prático.

2.3 MÉTODO DE SCHIEL

Este método foi apresentado em 1957 na publicação n. 10 da Escola de Engenharia de São Carlos sob o título "Estática dos Estaqueamentos".

Além de não considerar a ação do solo, pois as estacas são admitidas como hastes birrotuladas, o método do professor Schiel pressupõe as seguintes hipóteses:

- O bloco de coroamento das estacas é infinitamente rígido, ou seja, suas deformações podem ser desprezadas diante da grandeza da deformação das estacas.
- O material da estaca obedece à lei de Hooke.
- A carga em cada estaca é proporcional à projeção do deslocamento do topo da estaca sobre o eixo da mesma, antes do deslocamento.

A vantagem do método do professor Schiel reside no fato de o mesmo utilizar o cálculo matricial e portanto facilita a programação automática. Cada estaca é representada pelas coordenadas xi, vi, zi de sua cota de arrasamento em relação a um sistema global de referência qualquer constituído por eixos cartesianos, em que o eixo x é vertical e orientado para baixo. O ângulo que o eixo da estaca forma com o eixo x é denominado a e será sempre considerado positivo. O ângulo da projeção do eixo da estaca no plano y-z será sempre medido a partir do eixo y e será denominado w, sendo positivo quando no sentido horário (Fig. 2.2). Assim, como é comum na prática do projeto, um estaqueamento é dado por uma planta baixa na qual se localizam os topos das estacas (coordenada yi, zi) e se indica sua cota de arrasamento (coordenada xi), fornecendo-se ainda o ângulo de cravação (ângulo w) e o ângulo projetado na planta baixa (ângulo w). Assim, se a estaca for vertical, terá $\alpha = w = 0$.

A relação entre o deslocamento do topo da estaca e a carga na mesma é dada pelo fator de proporcionalidade $S_i = E_i A_i / \ell_i$, denominado rigidez da estaca. A carga numa estaca que sofra um encurtamento $\Delta\ell_i$ será então $N_i = S_i \cdot \Delta\ell_i$.

Na maioria dos casos, usa-se o valor relativo da rigidez, elegendo-se a rigidez de uma estaca como referência, ou seja, $si = si/so$, em que $so = E_0 A_0 / \ell_0$ é a rigidez da estaca de referência. Se todas as estacas tiverem a mesma seção, o mesmo comprimento e forem do mesmo material, todas terão $si = 1$.

Com base nos dados acima, o método do professor Schiel pode ser resumido nos seguintes passos de cálculo:

- Adota-se um sistema global de referência constituído por eixos cartesianos, em que o eixo x é vertical e dirigido para baixo (Fig. 2.2).

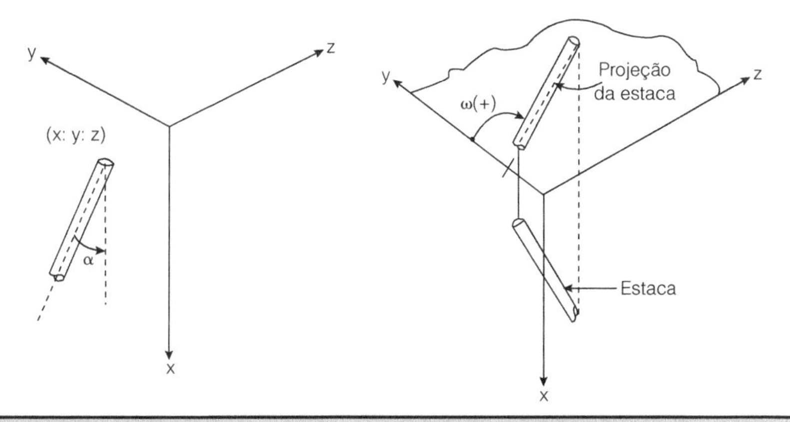

Figura 2.2 – Medidas dos ângulos α e ω das estacas.

- Reduz-se o carregamento externo à origem desse sistema de referência, obtendo-se a matriz carregamento [R] dada por

$$[R] = \begin{bmatrix} H_x \\ H_y \\ H_z \\ M_x \\ M_y \\ M_z \end{bmatrix}$$

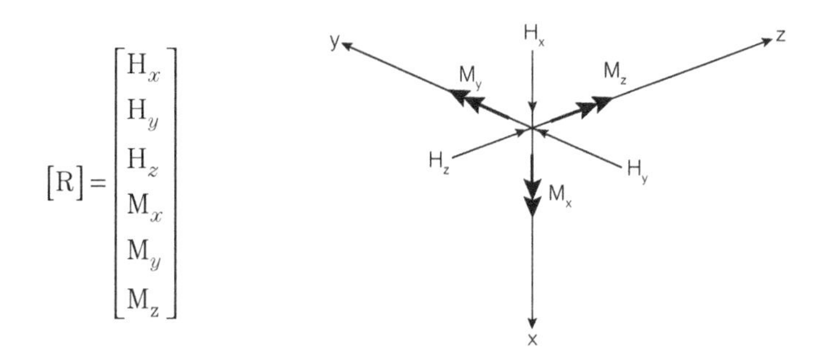

- Definem-se as coordenadas (x_i, y_i, z_i) de todas as estacas em relação a esse sistema global de referência, assim como os ângulos αi e wi, obtendo-se a matriz [P] das estacas dada por

$$[P] = \begin{bmatrix} px_1 & px_2 & px_3 & \bullet\bullet\bullet\bullet\bullet\bullet\bullet\bullet\bullet & px_n \\ py_1 & py_2 & \bullet & & py_n \\ pz_1 & pz_2 & \bullet & & pz_n \\ pa_1 & \bullet & \bullet & & pa_n \\ pb_1 & \bullet & \bullet & & pb_n \\ pc_1 & \bullet & \bullet & & pc_n \end{bmatrix}$$

em que cada termo da coluna i é dado por:

$pxi = \cos \alpha i$

$pyi = \text{sen}\, \alpha i \cdot \cos wi$

$pzi = \text{sen}\, \alpha i \cdot \text{sen}\, wi$

$pai = yi \cdot pzi - zi \cdot pyi$

$pbi = zi \cdot pxi - xi \cdot pzi$

$pci = xi \cdot pyi - yi \cdot pxi$

- Calcula-se a matriz de rigidez [S] do *estaqueamento* em que cada elemento é dado por:

  $S_{gh} = S_{hg} = \sum_{1}^{n} si \cdot pgi \cdot phi$ fazendo-se, sucessivamente

  $g = x, y, z, a, b, c$

  $h = x, y, z, a, b, c$

$$[S] = \begin{bmatrix} S_{xx} & S_{xy} & S_{xz} & S_{xa} & S_{xb} & S_{xc} \\ S_{yx} & S_{yy} & S_{yz} & \bullet & \bullet & S_{yc} \\ S_{zx} & S_{zy} & \bullet & \bullet & \bullet & S_{zc} \\ S_{ax} & \bullet & \bullet & \bullet & \bullet & S_{ac} \\ S_{hx} & \bullet & \bullet & \bullet & \bullet & S_{bc} \\ S_{cx} & \bullet & \bullet & \bullet & \bullet & S_{cc} \end{bmatrix}$$

- Calcula-se a matriz deslocamento do bloco $[v]$ dada por

  $[v] = [S]^{-1} \cdot [R]$

- Calcula-se a carga N_i em cada estaca pela expressão

$$N_i = si \cdot [v] \cdot \begin{bmatrix} pxi \\ pyi \\ pzi \\ pai \\ pbi \\ pci \end{bmatrix}$$

(Para aplicação, ver 2° Exercício).

Cabe finalmente lembrar que a solução do sistema de equações acima só é possível quando se pode inverter a matriz [S], fato que impõe certas condições ao carregamento e ao estaqueamento face à hipótese de biarticulação das estacas. Assim, certos estaqueamentos não conseguirão resistir a alguns carregamentos, como se indica na Fig. 2.3. Por exemplo, um estaqueamento constituído por estacas verticais não resistirá a esforços horizontais (quando se despreza a contenção lateral do solo), o mesmo ocorrendo com um cavalete de duas estacas que não resistirá a momentos. A esse tipo de estaqueamento dá-se o nome de *estaqueamento degenerado*.

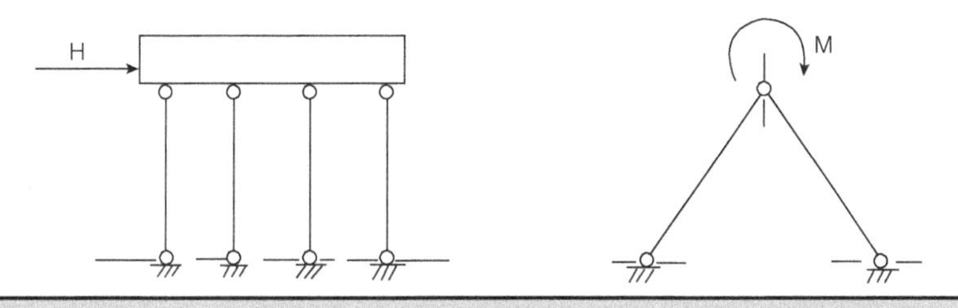

Figura 2.3 – Exemplo de estaqueamentos degenerados.

Para a inversão da matriz [S], o autor elaborou um programa em BASIC para o microcomputador MSX, que pode ser adaptado para outros microcomputadores. Para esse programa usamos o método de Gauss, cujo resumo pode ser obtido na ref. 3.

```
10 REM INVERSAO DE MATRIZ SIMÉTRICA
20 DIM M (6. 12). A (6.12). X (12), M3 (12),
30 INPUT "ORDEM DA MATRIZ" : X
40 FOR I = 1 TO X
50 FOR J = 1 TO X
60 PRINT "( " : I : " : " : J : " ) " :
70 INPUT M (I. J)
80 NEXT J
90 NEXT I
100 LET J = 1
110 FOR I = X + 1 TO 2 * X
120 LET M (J. I) = 1
130 LET J = J + 1
140 NEXT I
150 FOR C = 1 TO X - 1
160 FOR I = C + 1 TO X
170 IF M (C. C) = Ø THEN LET A (C. I) = Ø : GOTO 190
180 LET A (C. I) = (-M (I. C) ) / M (C. C)
190 FOR B = C TO 2 * X
200 LET M (I. B) = A (C. I) * M (C. B) + M (I. B)
210 NEXT B
220 NEXT I
230 NEXT C
240 FOR B = 1 TO X
250 IF M (X. X) = Ø THEN LET X (X) = Ø : GOTO 270
260 LET X (X) = (-M (X. B + X) ) / M (X. X)
270 LET M (X. B) = X (X)
280 FOR C = X - 1 TO 1 STEP - 1
290 FOR I = X TO C + 1 STEP - 1
300 LET X (C) = X (C) + X (I) * M (C. I)
310 NEXT I
320 IF M (C. C) = Ø TEHN LET X (C) = Ø : GOTO 340
330 LET X (C) = (X (C) + M (C. B + X) ) / ( - M (C. C)
340 NEXT C
```

```
340 NEXT C
350 FOR G = 1 TO X
360 LET M 3 (G. B) = -X (G)
370 LET X (G) = Ø
380 NEXT G
390 NEXT B
400 CLS : FOR I = 1 TO X
410 FOR J = 1 TO X
420 PRINT USING " ###### • #### " ; M3 (I. J) :
430 NEXT J
440 NEXT I
450 END
```

(Para aplicação, ver 1º Exercício).

2.4 MÉTODO DE NÖKKENTVED

As hipóteses deste método são as mesmas do anterior. E um método mais expedito quando o estaqueamento é simétrico, embora também possa ser aplicado a um estaqueamento geral.

Quando todas as estacas forem iguais ($si = 1$) e o estaqueamento for simétrico, como se indica na Fig. 2.4, a carga em cada estaca é obtida por

$$N_i = V \frac{\cos \alpha_i}{\Sigma \cos^2 \alpha_i} + H \frac{\text{sen}\, \alpha_i}{\Sigma\, \text{sen}^2 \alpha_i} + M \frac{p_i}{\Sigma_p^2}$$

O cálculo é feito projetando-se o estaqueamento nos dois planos de simetria, como se indica na Fig. 2.4. A parcela $\Sigma \cos^2 \alpha$ é obtida para todas as estacas do bloco, ao contrário da parcela $\Sigma\, \text{sen}^2 \alpha$, só aplicada às estacas projetadas. Por exemplo, as estacas 2, 3, 10 e 11 terão $\alpha = 0^o$, quando se fizer o cálculo de H_z, e as estacas 5 a 8 terão $\alpha = 0^o$, quando se fizer o cálculo de H_y. Esta é uma aproximação a mais neste método, pois resulta que, para os esforços H, as cargas em algumas das estacas inclinadas são decorrentes de suas componentes verticais. Entretanto, como os ângulos α são de pequeno valor, o erro cometido também é pequeno e plenamente aceitável.

Quando o estaqueamento tem mais de um grupo de estacas paralelas (Fig. 2.5), trabalha-se com uma estaca fictícia (A ou B da Fig. 2.5), passando pelo baricentro do grupo de estacas. Q cálculo é feito como se fosse um cavalete formado pelas estacas fictícias A e B aplicando-se ao mesmo os esforços externos V e H. A carga em cada estaca (devido apenas a V e H) é obtida dividindo-se PA e PB pelo número de estacas correspondentes. A seguir, superpõe-se o efeito de M com base na expressão

$$M \frac{p}{\Sigma_p^2}$$

(Para aplicação, ver Exercícios n. 3 a 5).

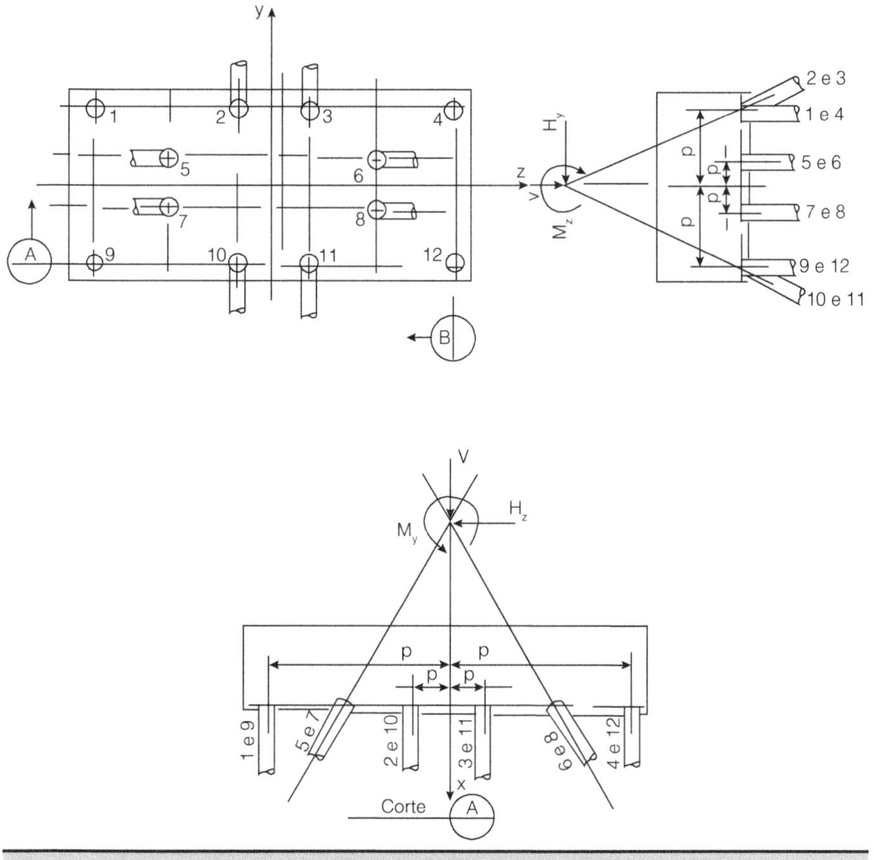

Figura 2.4 – Estaqueamento simétrico.

Com base nas fórmulas de Nökkentved, é possível elaborarem-se formulários básicos, que são de grande valor no dia a dia do projetista, como indicam os Quadros 2.1 e 2.2. As fórmulas indicadas resultam do fato de os eixos de simetria serem os próprios eixos principais de inércia. Quando o estaqueamento não é simétrico, há necessidade de se pesquisar a posição desses eixos. Só após isso é que se podem usar as fórmulas do Quadro 2.1, porém, neste caso, resulta mais prático o uso do método do professor Schiel, se o mesmo estiver programado num microcomputador.

(Para aplicação, ver 6º Exercício).

Quadro 2.1 Estaqueamentos (a carga V já inclui o peso próprio do bloco).

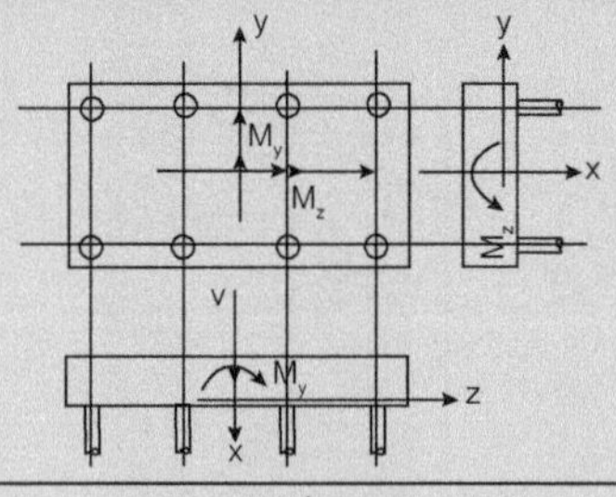	1º Caso	estaqueamento com dupla simetria $Ni = \frac{V}{\Sigma \text{ estacas}} \pm Mz \frac{yi}{\Sigma yi^2} \pm My \frac{zi}{\Sigma zi^2}$ para estacas com diferentes rigidez $Ni = \frac{V si}{\Sigma si} \pm Mz \frac{si\ yi}{\Sigma si\ yi^2} \pm My \frac{si\ zi}{\Sigma si\ zi^2}$
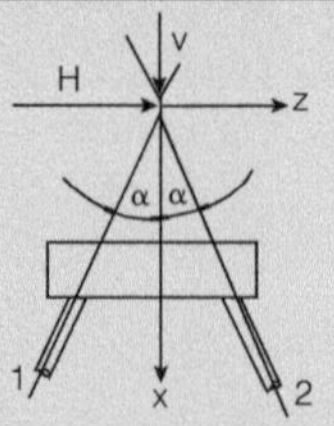	2º Caso	cavalete simples com ângulo constante $N\,1,2 = \frac{V}{2 \cos \alpha} \mp \frac{H}{2 \text{ sen } \alpha}$
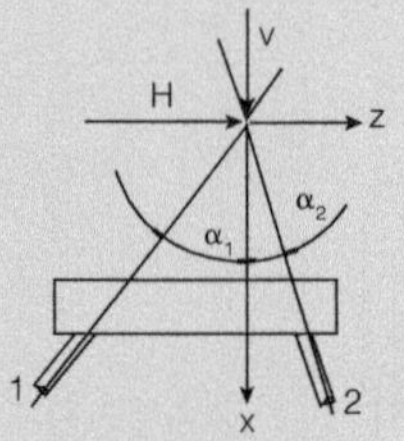	3º Caso	cavalete simples com ângulos diferentes $N1 = \frac{V \text{ sen } \alpha_2}{\text{sen}(\alpha_1 + \alpha_2)} - \frac{H \cos \alpha_2}{\text{sen}(\alpha_1 + \alpha_2)}$ $N2 = \frac{V \text{ sen } \alpha_1}{\text{sen}(\alpha_1 + \alpha_2)} + \frac{H \cos \alpha_1}{\text{sen}(\alpha_1 + \alpha_2)}$
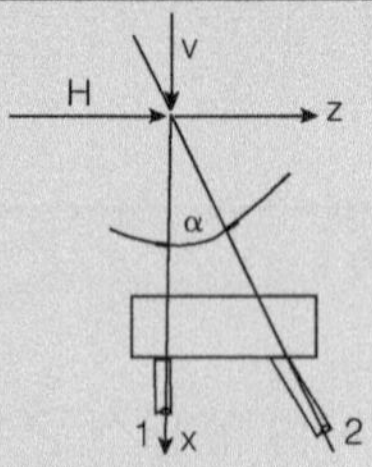	4º Caso	cavalete simples com estaca vertical $N1 = V - \frac{H}{\text{tg } \alpha}$ $N2 = \frac{H}{\text{sen } \alpha}$
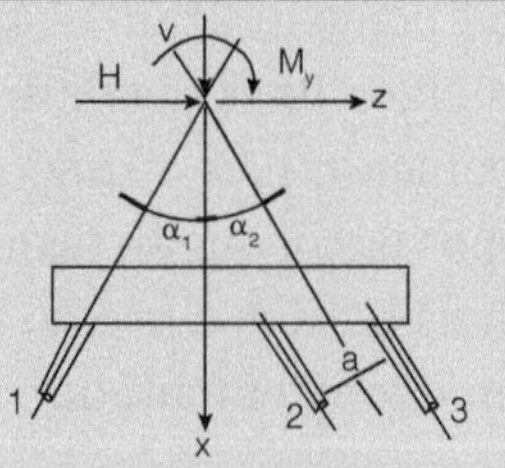	5º Caso	cavalete com inércia para absorver M_y $N1 = \frac{V \text{ sen } \alpha_2}{\text{sen}(\alpha_1 + \alpha_2)} - \frac{H \cos \alpha_2}{\text{sen}(\alpha_1 + \alpha_2)}$ $N2,3 = \frac{V \text{ sen } \alpha_1}{2 \text{ sen }(\alpha_1 + \alpha_2)} + \frac{H \cos \alpha_1}{2 \text{ sen }(\alpha_1 + \alpha_2)} \mp \frac{M_y}{a}$
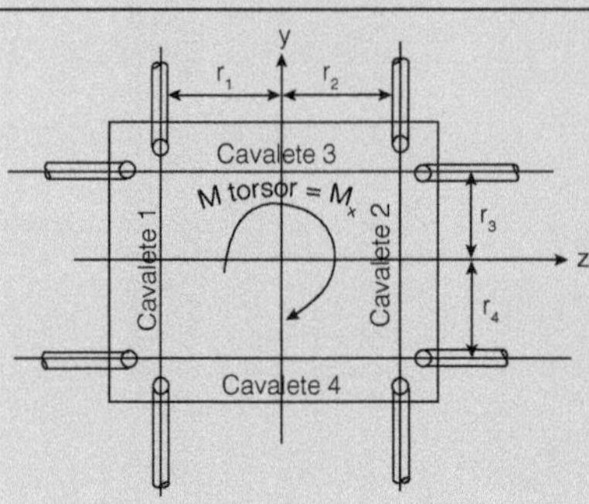	6º Caso	cavaletes para absorver momento torsor O momento torsor (Mx) é decomposto em binários cujas forças horizontais serão absorvidas pelos cavaletes. Cada cavalete recebe uma força horizontal. $Hi = \frac{ri}{\Sigma ri^2} \cdot Mx$ Recai-se assim no 2º, 3º ou 4º casos.

Quadro 2.2 Estaqueamentos planos verticais (a carga V já inclui o p.p. do bloco).

Distribuição das estacas no bloco	Esforço mínimo e máximo nas estacas
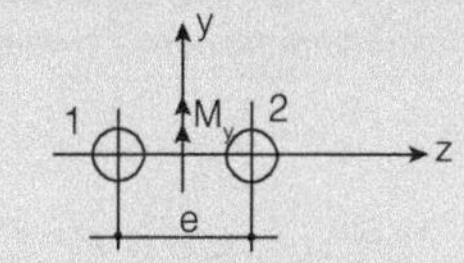 y, M_y, 1, 2, z, e	$N_1 = \frac{V}{2} - \frac{My}{e}$ $N_2 = \frac{V}{2} + \frac{My}{e}$
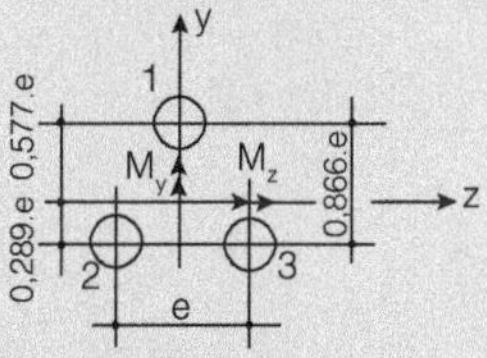 y, 1, 2, 3, M_y, M_z, z, e, 0,577.e, 0,289.e, 0,866.e	$N_1 = \frac{V}{3} - \frac{Mz}{0,866\,e}$ $N_2 = \frac{V}{3} + \frac{Mz}{1,732\,e} - \frac{My}{e}$ $N_3 = \frac{V}{3} - \frac{Mz}{1,732\,e} + \frac{My}{e}$
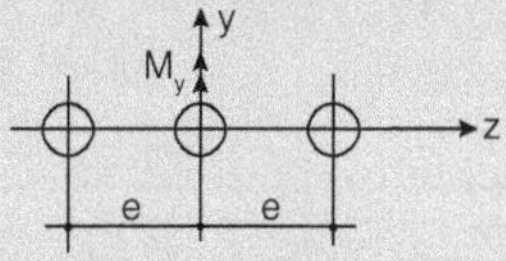 y, M_y, z, e, e	$N\,mín. = \frac{V}{3} - \frac{My}{2.e}$ $N\,máx. = \frac{V}{3} + \frac{My}{2.e}$
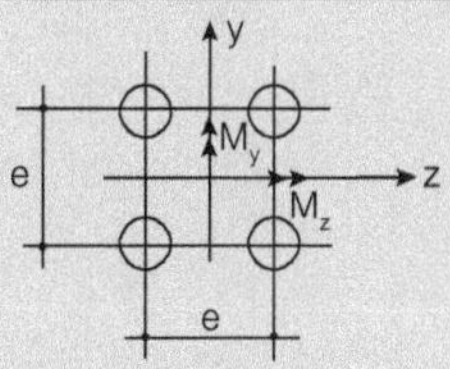 y, M_y, M_z, z, e, e	$N\,máx. = \frac{V}{4} + \frac{Mz + My}{2.e}$ $N\,mín. = \frac{V}{4} - \frac{Mz + My}{2e}$
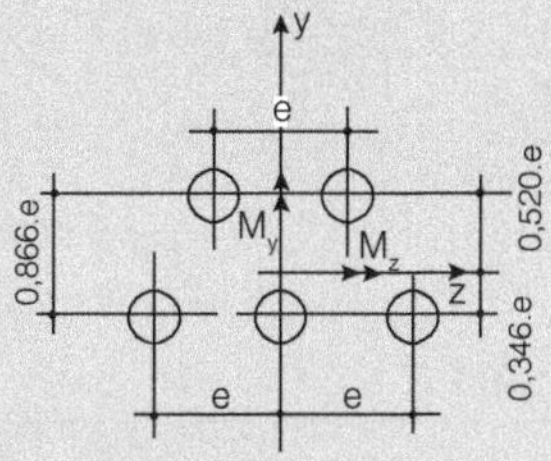 y, e, M_y, M_z, z, 0,866.e, 0,520.e, 0,346.e, e, e	Se $\frac{Mz}{My} \geq 4,813$ $N\,máx. = \frac{V}{5} + \frac{2\,Mz + 1,923\,My}{5e}$ $N\,mín. = \frac{V}{5} - \frac{2\,Mz - 1,923\,My}{5e}$ Se $\frac{Mz}{My} \leq 4,813$ $N\,máx. = \frac{V}{5} + \frac{2\,Mz + 1,923\,My}{5e}$ $N\,mín. = \frac{V}{5} - \frac{Mz + 2,89\,My}{5e}$
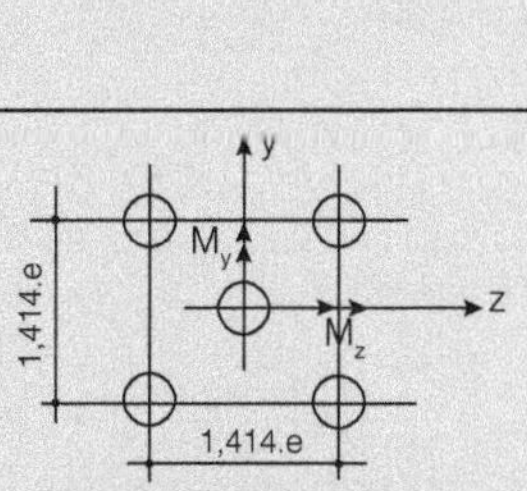 y, M_y, M_z, z, 1,414.e, 1,414.e	$N\,máx. = \frac{V}{5} + \frac{Mz + My}{2,828\,e}$ $N\,mín. = \frac{V}{5} - \frac{Mz + My}{2,828\,e}$
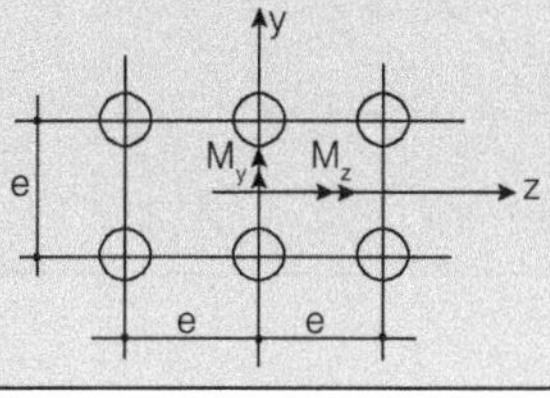 y, M_y, M_z, z, e, e, e	$N\,máx. = \frac{V}{6} + \frac{1,5\,Mz + 2\,My}{6e}$ $N\,mín. = \frac{V}{6} - \frac{1,5\,Mz + 2\,My}{6e}$

(continua)

(continuação)

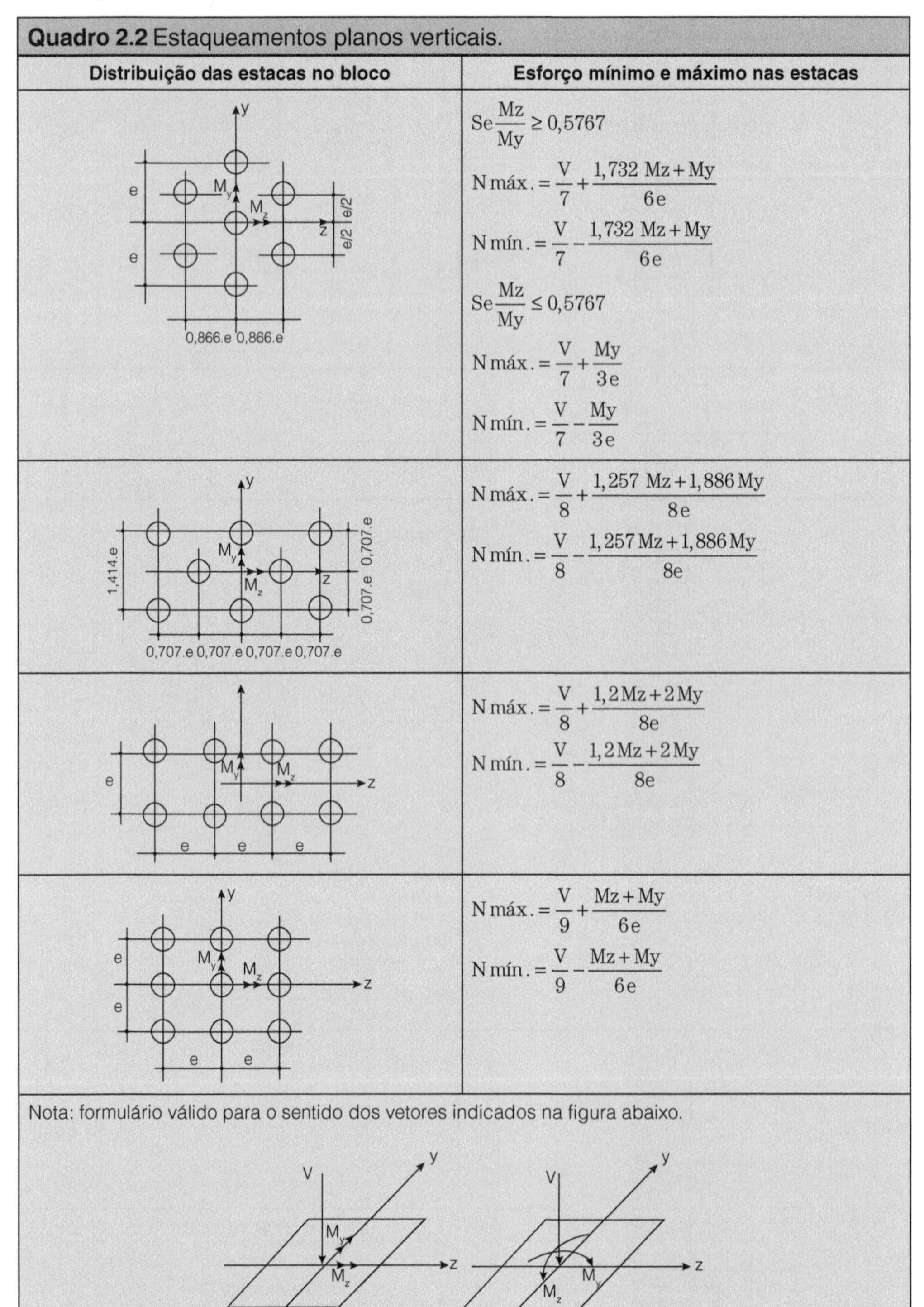

Quadro 2.2 Estaqueamentos planos verticais.

Distribuição das estacas no bloco	Esforço mínimo e máximo nas estacas
(7 estacas)	Se $\frac{Mz}{My} \geq 0{,}5767$ $N\,máx. = \frac{V}{7} + \frac{1{,}732\,Mz + My}{6e}$ $N\,mín. = \frac{V}{7} - \frac{1{,}732\,Mz + My}{6e}$ Se $\frac{Mz}{My} \leq 0{,}5767$ $N\,máx. = \frac{V}{7} + \frac{My}{3e}$ $N\,mín. = \frac{V}{7} - \frac{My}{3e}$
(8 estacas)	$N\,máx. = \frac{V}{8} + \frac{1{,}257\,Mz + 1{,}886\,My}{8e}$ $N\,mín. = \frac{V}{8} - \frac{1{,}257\,Mz + 1{,}886\,My}{8e}$
(8 estacas)	$N\,máx. = \frac{V}{8} + \frac{1{,}2Mz + 2My}{8e}$ $N\,mín. = \frac{V}{8} - \frac{1{,}2Mz + 2My}{8e}$
(9 estacas)	$N\,máx. = \frac{V}{9} + \frac{Mz + My}{6e}$ $N\,mín. = \frac{V}{9} - \frac{Mz + My}{6e}$

Nota: formulário válido para o sentido dos vetores indicados na figura abaixo.

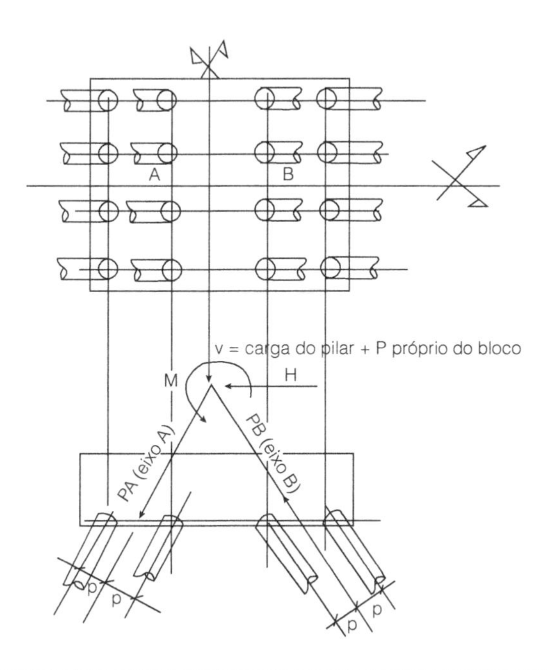

Figura 2.5 – Cálculo para um grupo de estacas.

2.5 EXERCÍCIOS RESOLVIDOS

1º *Exercício:* Calcular a matriz inversa de

$$[A] = \begin{bmatrix} 5 & 4{,}9 & -1{,}48 \\ 4{,}9 & 8{,}051 & -1{,}258 \\ -1{,}48 & -1{,}258 & 1{,}095 \end{bmatrix}$$

Solução:

Usando-se o programa apresentado no item 2.3, entra-se com a ordem da matriz = 3 e a seguir os elementos da matriz (por coluna ou por linha, pois a matriz é simétrica) e obtêm-se os elementos da matriz inversa.

$$[A]^{-}1 = \begin{bmatrix} 0{,}69 & -0{,}334 & 0{,}548 \\ -0{,}334 & 0{,}313 & -0{,}092 \\ 0{,}548 & -0{,}092 & 1{,}549 \end{bmatrix}$$

2º *Exercício:* Calcular a carga nas estacas do bloco abaixo sabendo-se que:

- No valor da carga V já está incluído o peso próprio do bloco.
- As estacas 1 e 6 estão inclinadas a 10°; as estacas 3 e 5, a 14°; e as demais são verticais.
- Todas as estacas têm a mesma rigidez.

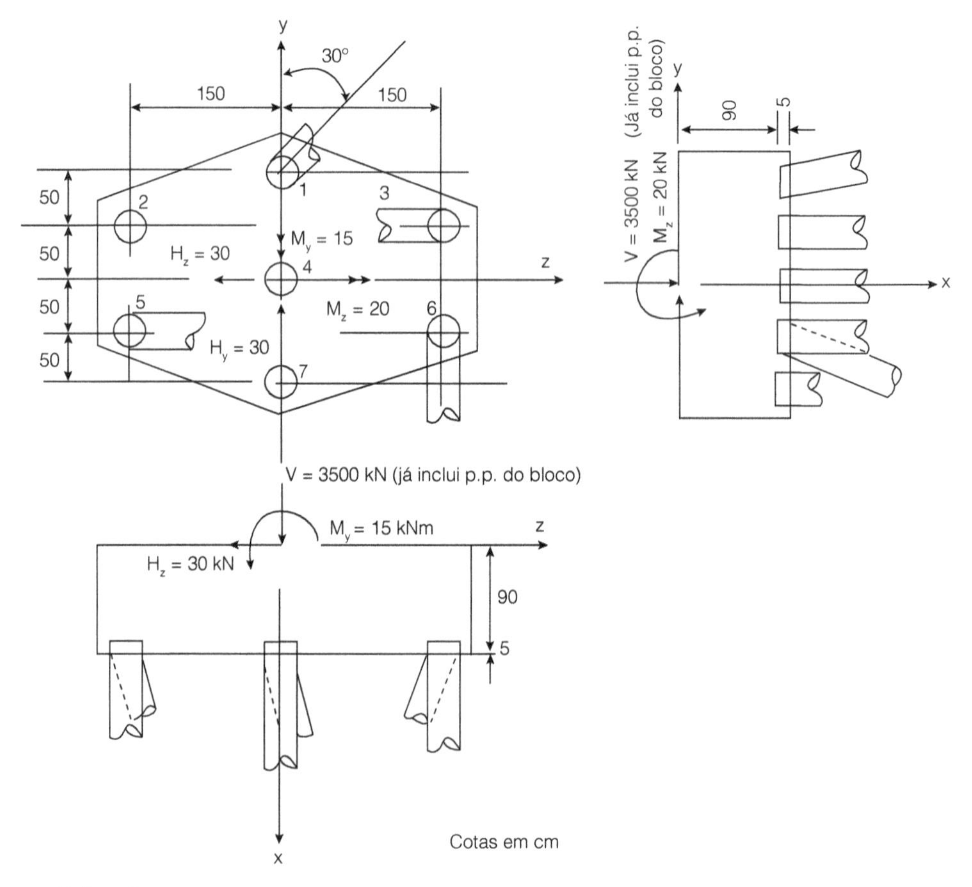

Solução:

O sistema global de referência foi adotado no topo do bloco e o carregamento foi reduzido a esse sistema. A matriz carregamento será:

$$[R] = \begin{bmatrix} 3.500 \\ 10 \\ -30 \\ 0 \\ -15 \\ 20 \end{bmatrix}$$

Geometria do estaqueamento

Estaca n.	x (m)	y (m)	z (m)	α (°)	w (°)	si
1	0,90	1,00	0,00	10	30	1
2	0,90	0,50	– 1,50	0	0	1
3	0,90	0,50	1,50	14	270	1
4	0,90	0,00	0,00	0	0	1
5	0,90	– 0,50	– 1,50	14	90	1
6	0,90	– 0,50	1,50	10	180	1
7	0,90	– 1,00	0,00	0	0	1

A matriz [P] será obtida aplicando-se a todas as estacas o mesmo critério de cálculo exposto para a estaca n. 1.

Estaca 1: $px = \cos 10° = 0{,}9848$

$py = \text{sen } 10° \times \cos 30° = 0{,}1504$

$pz = \text{sen } 10° \times \text{sen } 30° = 0{,}0868$

$pa = 1 \times 0{,}0868 = 0{,}0868$

$pb = -0{,}9 \times 0{,}0868 = -0{,}0782$

$pc = 0{,}9 \times 0{,}15 - 1 \times 0{,}9848 = -0{,}8495$

analogamente se calculam os outros termos da matriz [P] para as demais estacas. Assim, pode-se escrever:

$$[P] = \begin{bmatrix} 0{,}9848 & 1 & 0{,}9703 & 1 & 0{,}9793 & 0{,}9848 & 1 \\ 0{,}1504 & 0 & 0 & 0 & 0 & -0{,}1737 & 0 \\ 0{,}0868 & 0 & -0{,}2419 & 0 & 0{,}2419 & 0 & 0 \\ 0{,}0868 & 0 & -0{,}1210 & 0 & -0{,}1210 & 0{,}2605 & 0 \\ -0{,}0782 & -1{,}5 & 1{,}6732 & 0 & -1{,}6732 & 1{,}4772 & 0 \\ -0{,}8495 & -0{,}5 & -0{,}4852 & 0 & 0{,}4852 & 0{,}3361 & 1 \end{bmatrix}$$

Matriz de rigidez [S]

Os termos $S_{gh} = S_{hg} = \Sigma si.pgi.phi$ são obtidos a partir da matriz [P] acima, fazendo-se sucessivamente $g = x, y, z, a, b, c$ e $h = \text{x}, y, z, a, b, c$.

Assim, os termos da primeira coluna ou da primeira linha, pois a matriz S é simétrica, serão:

$$\text{S}xx = \Sigma \text{si.px}^2 = 2\left(0{,}9848^2 + 0{,}9703^2\right) + 3 = 6{,}8223$$

$$\text{S}xy = \text{S}yx = \Sigma si.px.py = 0{,}9848\,(0{,}1504 - 0{,}1737) = -0{,}0229$$

$$\text{S}xz = \text{S}zx = \Sigma si.px.pz = 0{,}9848 \times 0{,}0868 = 0{,}0855$$

$$\text{S}xa = \text{S}ax = \Sigma si.px.pa = 0{,}9848\,(0{,}0868 + 0{,}2605) - 2 \times 0{,}9703 \times 0{,}121 = 0{,}1073$$

e assim sucessivamente, obtendo-se:

$$[S]=\begin{bmatrix} 6,8223 & -0,0229 & 0,0855 & 0,1073 & -0,1222 & -0,0056 \\ -0,0229 & 0,0528 & 0,0131 & -0,0322 & -0,2683 & -0,1861 \\ 0,0855 & 0,0131 & 0,1246 & 0,0075 & -0,8164 & 0,1610 \\ 0,1073 & -0,0322 & 0,0075 & 0,1047 & 0,3780 & 0,0138 \\ -0,1222 & -0,2683 & -0,8164 & 0,3780 & 10,0374 & -0,3106 \\ -0,0056 & -0,1861 & 0,1610 & 0,0138 & -0,3106 & 2,5553 \end{bmatrix}$$

A matriz inversa será, então:

$$[S]^{-1}=\begin{bmatrix} 0,1503 & 0,0651 & -0,1446 & -0,1128 & -0,0035 & 0,0144 \\ 0,0651 & 42,504 & -11,7340 & 14,2111 & -0,2374 & 3,7295 \\ -0,1446 & -11,7340 & 31,2434 & -15,2360 & 2,7250 & -2,4097 \\ -0,1128 & 14,2111 & -15,2360 & 20,6442 & -1,5859 & 1,6904 \\ -0,0035 & -0,2374 & 2,7250 & -1,5859 & 0,3704 & -0,1354 \\ 0,0144 & 3,7295 & -2,4097 & 1,6904 & -0,1354 & 0,7892 \end{bmatrix}$$

Os termos da matriz [V] serão calculados como se segue:

$$v_1 = 0,1503 \times 3.500 + 0,0651 \times 10 + 0,1446 \times 30 + 0 + 0,0035 \times \times 15 + 0,0144 \times 20 = 531,4$$

$$v_2 = 0,0651 \times 3.500 + 42,504 \times 10 + 11,734 \times 30 + 0 + 0,2374 \times 15 + + 3,7295 \times 20 = 1083,1$$

e assim sucessivamente, obtendo-se:

$$[V] = [531,4 \quad 1.083,1 \quad -1.649,7 \quad 261,9 \quad -104,6 \quad 177,7]$$

Finalmente a carga das estacas será:

$$N1 = 1\,(531,4 \times 0,9848 + 1.083,1 \times 0,1504 - 1.649,7 \times 0,0868 + 261,9 \times 0,0868 + 104,6 \times 0,0782 - 177,7 \times 0,8495) \cong 423 \text{ kN}$$

$$N2 = 1\,(531,4 \times 1 + 104,6 \times 1,5 - 177,7 \times 0,5) \cong 599 \text{ kN}$$

e assim sucessivamente, obtendo-se:

N1 = 423 kN

N2 = 599 kN

N3 = 622 kN

N4 = 531 kN

N5 = 346 kN

N6 = 309 kN

N7 = 709 kN

3º *Exercício:* Calcular a carga nas estacas do bloco abaixo, usando-se o método de Nökkentved. Admitir que na carga V já esteja incluído o peso próprio do bloco.

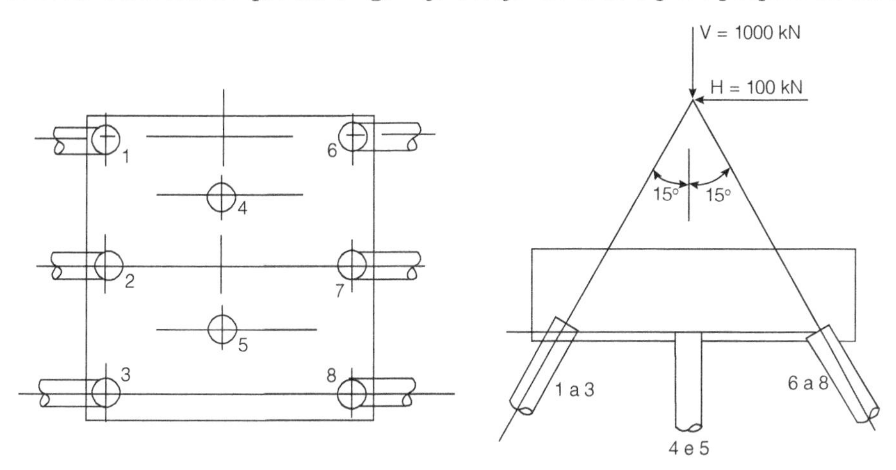

$$N_i \frac{V \cos \alpha}{\Sigma \cos^2 \alpha} + \frac{H \operatorname{sen} \alpha}{\Sigma \operatorname{sen}^2 \alpha} = \frac{1.000 \cos \alpha}{6 \cos^2 15^\circ + 2} \pm \frac{100 \operatorname{sen} \alpha}{6 \operatorname{sen}^2 15^\circ} = \frac{1.000 \cos \alpha}{7,6} \pm \frac{100 \operatorname{sen} \alpha}{0,4}$$

$$\text{N1 a N3} = \frac{1.000 \cos 15^\circ}{7,6} + \frac{100 \operatorname{sen} 15^\circ}{0,4} = 192 \text{ kN}$$

$$\text{N6 a N8} = \frac{1.000 \cos 15^\circ}{7,6} - \frac{100 \operatorname{sen} 15^\circ}{0,4} = 62 \text{ kN}$$

$$\text{N4 e N5} = \frac{1.000}{7,6} = 132 \text{ kN}$$

4º *Exercício:* Usando o método de Nökkentved, calcular a carga nas estacas do bloco abaixo, admitindo-se que a carga V já inclui o peso próprio do bloco.

a) Cálculo da altura dos centros elásticos:

$$hy = \frac{2,8}{\operatorname{tg} 12^\circ} \cong 13,20 \text{ m}$$

$$hz = \frac{1,65}{\operatorname{tg} 12^\circ} \cong 7,80 \text{ m}$$

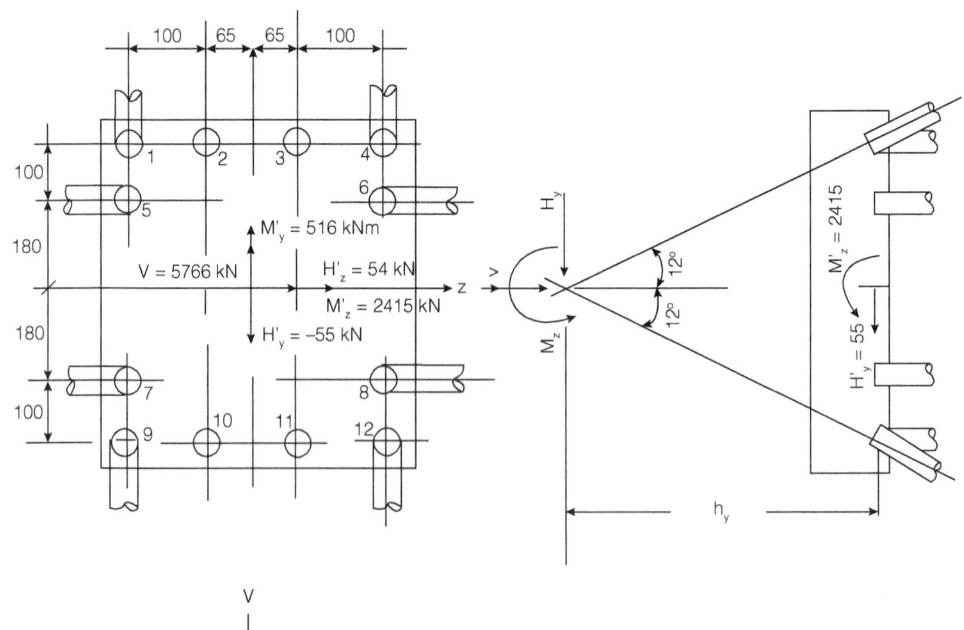

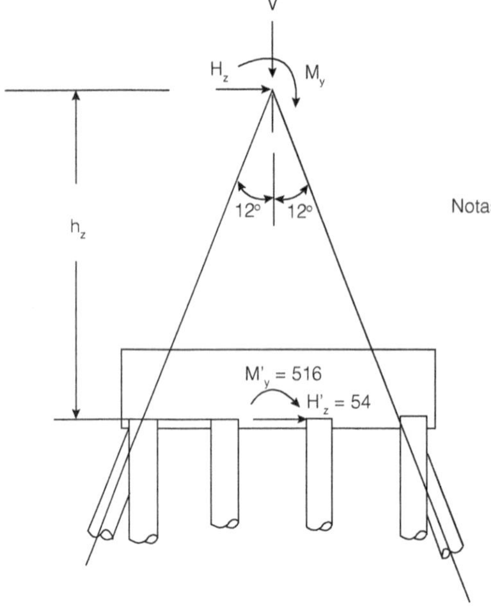

Notas: 1. Cotas em cm.
2. As cargas indicadas atuam no plano da cota de arrasamento das estacas e já incluem o p.p. do bloco.

b) Redução das cargas ao centro elástico.

$V = 5.766$ kN

$Hy = -55$ kN

$Hz = 54$ kN

$My = 516 - 54 \times 7{,}8 \cong 95$ kNm

$Mz = 2415 - 55 \times 13{,}2 \cong 1.689$ kNm

c) Cargas nas estacas

$$N_i = \frac{V \cos \alpha}{\Sigma \cos^2 \alpha} \pm \frac{H_y \operatorname{sen} \alpha}{\Sigma \operatorname{sen}^2 \alpha} \pm \frac{H_z \operatorname{sen} \alpha}{\Sigma \operatorname{sen}^2 \alpha} \pm \frac{M_y \, p_x}{\Sigma \, p_x^2} \pm \frac{M_z \, p_x}{\Sigma \, p_x^2}$$

em que $\alpha = 12^\circ$

$$\Sigma \cos^2 \alpha = 8 \times 0,978^2 + 4 = 11,65$$

$$\Sigma \operatorname{sen}^2 \alpha = 4 \times 0,208^2 = 0,173 \ (\text{para a parcela com } H_y)$$

$$\Sigma \operatorname{sen}^2 \alpha = 4 \times 0,208^2 = 0,173 \ (\text{para a parcela com } H_z)$$

$$\Sigma \, p_x^2 = 4 \left(1,65^2 + 0,65^2\right) = 12,58 \text{ m}^2$$

$$\Sigma \, p_y^2 = 4 \left(1,8^2 + 2,8^2\right) = 44,32 \text{ m}^2$$

$$N1 = \frac{5.766 \times 0,978}{11,65} - \frac{55 \times 0,208}{0,173} - \frac{95 \times 1,65}{12,58} \cong 405 \text{ kN}$$

$$N2 = \frac{5.766}{11,65} - \frac{95 \times 0,65}{12,58} - \frac{1.689 \times 2,8}{44,32} \cong 383 \text{ kN}$$

$$N3 = \frac{5.766}{11,65} + \frac{95 \times 0,65}{12,58} - \frac{1.689 \times 2,8}{44,32} \cong 393 \text{ kN}$$

$$N4 = \frac{5.766 \times 0,978}{11,65} + \frac{55 \times 0,208}{0,173} + \frac{95 \times 1,65}{12,58} \cong 430 \text{ kN}$$

$$N5 = \frac{5.766 \times 0,978}{11,65} - \frac{54 \times 0,208}{0,173} - \frac{1.689 \times 1,8}{44,32} \cong 350 \text{ kN}$$

$$N6 = \frac{5.766 \times 0,978}{11,65} + \frac{54 \times 0,208}{0,173} - \frac{1.689 \times 1,8}{44,32} \cong 480 \text{ kN}$$

$$N7 = \frac{5.766 \times 0,978}{11,65} - \frac{54 \times 0,208}{0,173} + \frac{1.689 \times 1,8}{44,32} = 488 \text{ kN}$$

$$N8 = \frac{5.766 \times 0,978}{11,65} + \frac{54 \times 0,208}{0,173} + \frac{1.689 \times 1,8}{44,32} \cong 618 \text{ kN}$$

$$N9 = \frac{5.766 \times 0,978}{11,65} + \frac{55 \times 0,208}{0,173} - \frac{95 \times 1,65}{12,58} \cong 538 \text{ kN}$$

$$N10 = \frac{5.766}{11,65} - \frac{95 \times 0,65}{12,58} + \frac{1.689 \times 2,8}{44,32} \cong 597 \text{ kN}$$

$$N11 = \frac{5.766}{11,65} + \frac{95 \times 0,65}{12,58} + \frac{1.689 \times 2,8}{44,32} \cong 607\,\text{kN}$$

$$N12 = \frac{5.766 \times 0,978}{11,65} + \frac{55 \times 0,208}{0,173} + \frac{95 \times 1,65}{12,58} \cong 563\,\text{kN}$$

5º *Exercício:* Calcular a carga nas estacas indicadas abaixo, utilizando-se o método de Nökkentved e admitindo que a carga V já inclui o peso próprio do bloco.

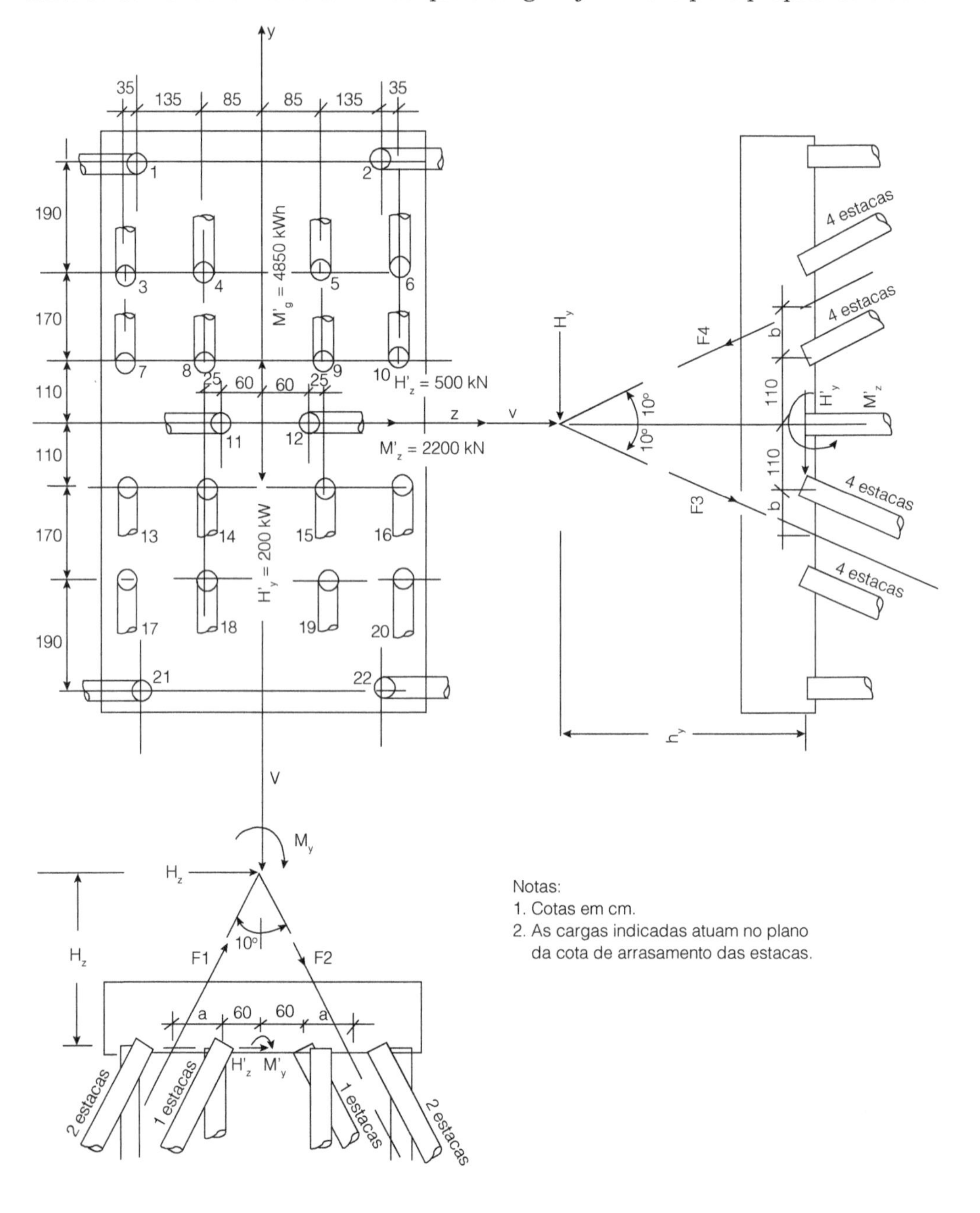

a) posição do baricentro das estacas inclinadas

$$a = \frac{2}{3}(1,35 + 0,25) = 1,07 \text{ m}$$

$$b = \frac{1}{2} \times 1,70 = 0,85 \text{m}$$

b) cálculo da altura dos centros elásticos

$$hy = \frac{1,10 + 0,85}{\text{tg } 10^\circ} \cong 11 \text{ m}$$

$$hz = \frac{0,60 + 1,07}{\text{tg } 10^\circ} \cong 9,5 \text{ m}$$

c) redução das cargas ao centro elástico (desprezar peso próprio do bloco)

V = 8.000 kN

H_y = 200 kN

H_z = 500 kN

N_y = 4.850 – 500 × 9,5 = 100 kN.m

M_z =2.200 – 200 × 11 = 0

d) carga parcial nas estacas

Efeito de V: $N1 \text{ a } 22 = \dfrac{8.000 \cos 10^\circ}{22 \cos^2 10^\circ} \cong 369 \text{ kN}$

Efeito de H_z: $F2 = -F1 = \dfrac{500}{2 \text{ sen } 10^\circ} \cong 1.400 \text{ kN}$

$$N1 = N11 = N21 = -\frac{1.440}{3} = -480 \text{ kN}$$

$$N2 = N12 = N22 = \frac{1.440}{3} = 480 \text{ kN}$$

Efeito de H_y: $F3 = -F4 = \dfrac{200}{2 \text{ sen } 10^\circ} \cong 576 \text{ kN}$

$$N3 \text{ a } N10 = -\frac{576}{8} = -72 \text{ kN}$$

$$N13 \text{ a } N20 = \frac{576}{8} = 72 \text{ kN}$$

Efeito de M_y: $\Sigma_p^2 = 8\left(0,85^2 + 2,2^2\right) = 44,5 \text{ m}^2$

estacas a 85 cm do eixo *y*:

$$N_i = \pm\frac{100 \times 0,85}{44,5} \cong \pm\ 2 \text{ kN}$$

estacas a 2,20 m do eixo y:

$$N_i = \pm\frac{100 \times 2,2}{44,5} \cong \pm\ 5 \text{ kN}$$

e) Carga final nas estacas

N1 = N11 = N21 = 369 – 480 = – 111 kN (tração)

N2 = N12 = N22 = 369 + 480 = 849 kN

N3 = N7 = 369 – 72 – 5 = 292 kN

N4 = N8 = 369 – 72 – 2 = 295 kN

N5 = N9 = 369 – 72 + 2 = 299 kN

N6 = N10 = 369 – 72 + 5 = 302 kN

N13 = N17 = 369 + 72 – 5 = 436 kN

N14 = N18 = 369 + 72 – 2 = 439 kN

N15 = N19 = 369 + 72 + 2 = 443 kN

N16 = N20 = 369 + 72 + 5 = 446 kN

6º *Exercício:* Calcular a carga nas estacas do bloco abaixo sabendo-se que as estacas de n. 1 a 4 são de concreto armado com diâmetro de 30 cm e comprimento 10 m, e as de n. 5 e 6 são metálicas I 10" × 4 5/8" com comprimento de 12 m. Admitir que a carga V já inclui o peso próprio do bloco.

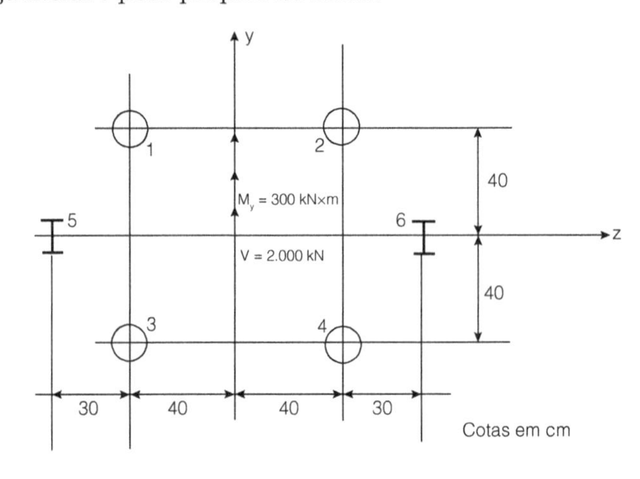

Solução:

Por ser um estaqueamento com dupla simetria, pode-se usar o formulário do Quadro 2.1 (caso 1).

$$N_i = \frac{V \cdot si}{\Sigma si} \pm \frac{My \cdot sizi}{\Sigma si \cdot z^2}$$

estacas 1 a 4: $S_i = \frac{EA}{\ell} = \frac{21.000 \times 0,071}{10} = 149 \text{ MN.m}^{-1}$

estacas 5 a 6: $S_i = \frac{EA}{\ell} = \frac{210.000 \times 0,0048}{12} = 84 \text{ MN.m}^{-1}$

Adotando as estacas 5 e 6 como referência têm-se as seguintes rigidez relativas

estacas 1 a 4 $si = \frac{149}{84} \cong 1,8$

estacas 5 e 6 $si = 1$

Assim $\Sigma si = 4 \times 1,8 + 2 \times 1 = 9,2$

$\Sigma si \cdot z^2 = 4 \times 1,8 \times 0,4^2 + 2 \times 1 \times 0,7^2 = 2,13 \text{ m}^2$

A carga nas estacas será:

$$N1 = N3 = \frac{2.000 \times 1,8}{9,2} - \frac{300 \times 1,8 \times 0,4}{2,13} = 290 \text{ kN}$$

$$N2 = N4 = \frac{2.000 \times 1,8}{9,2} + \frac{300 \times 1,8 \times 0,4}{2,13} = 493 \text{ kN}$$

$$N5 = \frac{2.000 \times 1}{9,2} - \frac{300 \times 1 \times 0,7}{2,13} = 119 \text{ kN}$$

$$N6 = \frac{2.000 \times 1}{9,2} + \frac{300 \times 1 \times 0,7}{2,13} = 316 \text{ kN}$$

2.6 REFERÊNCIAS

[1] MSX. *Linguagem Basic.* Editora Aleph.

[2] Nökkentved, C. *Apud* Caputo H. P. *Mecânica dos Solos* e *Suas Aplicações.* Livros Técnicos e Científicos S.A. (Volume 2).

[3] Polillo, A. *Exercícios de Hiperestática.* Editora Científica.

[4] Schiel, F. *Estática de Estaqueamento,* Publicação n. 10 da Escola de Engenharia de São Carlos, 1957.

[5] Stamato, M. C. *Cálculo Elástico de Estaqueamento* – Publicação n. 70 da Escola de Engenharia de São Carlos, 1971.

[6] SCAC. "Elementos Técnicos sobre Estacas", volume 2 – Catálogo Técnico.

[7] Velloso, D. A. *Fundações Profundas* I.M.E., 1973.

[8] Velloso, D. A. *Fundações em Estacas,* publicação da firma Estacas Franki Ltda.

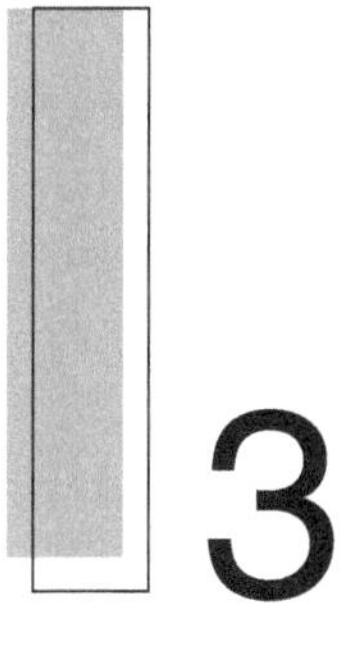

3 USO SIMULTÂNEO DE ESTACAS E TIRANTES

3.1 GENERALIDADES

Neste capítulo será apresentado um resumo dos métodos propostos por Danziger (ref. 2) e Costa Nunes & Suruagy (ref. 1), que permitem obter as cargas nos elementos de fundações profundas quando se englobam, num mesmo bloco, estacas e tirantes.

A utilização deste tipo de fundação é aconselhável, entre outras estruturas, naquelas que induzem elevadas cargas de tração e de compressão, e o perfil geotécnico apresenta camada de alta resistência a pequenas profundidades. Neste caso, as estacas absorverão as cargas de compressão e os tirantes as cargas de tração, procurando-se assim tirar o melhor partido de cada um dos tipos de fundação. Às hipóteses simplificadoras são basicamente as mesmas já citadas no Cap. 2.

3.2 CONSIDERAÇÕES SOBRE O CONCEITO DE RIGIDEZ

Conforme foi visto no Cap. 2, define-se rigidez de urna estaca como:

$$S = \frac{EA}{\ell}$$

em que E, A e ℓ representam, respectivamente, o módulo de elasticidade, a área da seção transversal e o comprimento da estaca.

Esta definição decorre do fato de se admitir a estaca como uma haste birrotulada no bloco e em sua ponta, desconsiderando-se a ação do solo ao longo do fuste da mesma, ou seja, a carga de compressão ou de tração é admitida constante ao longo do fuste (estaca trabalhando predominantemente por ponta).

Nos casos em que as estacas atravessam camadas de baixa resistência e se embutem em camadas de alta resistência, conforme se indica na Fig. 3.1a, esta hipótese é aceitável, pois a transferência de carga é pequena na primeira camada e, portanto, o diagrama de carga normal na estaca é praticamente constante. Ao contrário, se a estaca atravessa uma camada de solo homogêneo em que a mesma trabalhe praticamente por atrito lateral, essa hipótese de carga normal constante ao longo do fuste está muito afastada da realidade. Para o caso particular da Fig. 3.1b, na qual se admitiu uma transferência de carga ao longo do fuste linear, até ser nula a ponta da estaca, a rigidez seria

$$S = \frac{2AE}{\ell}$$

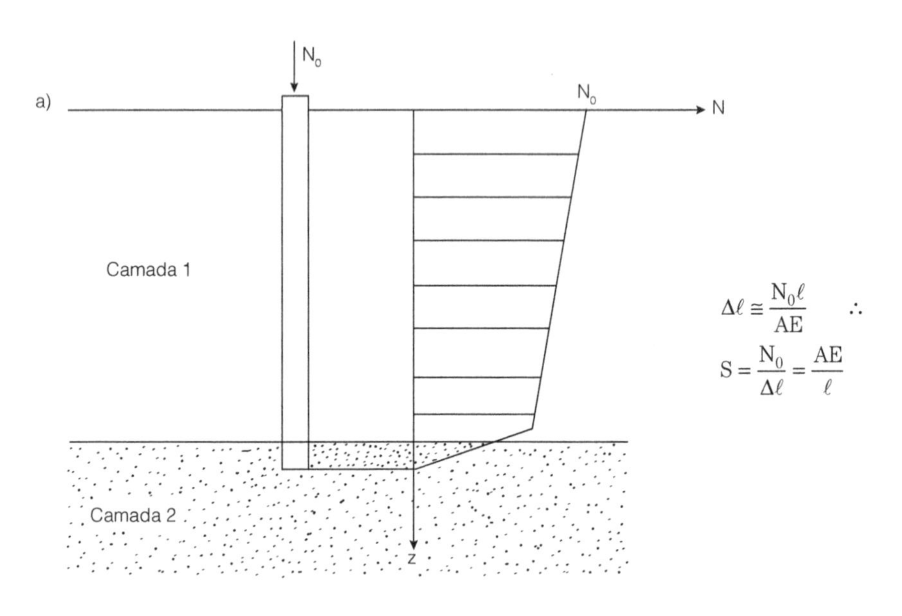

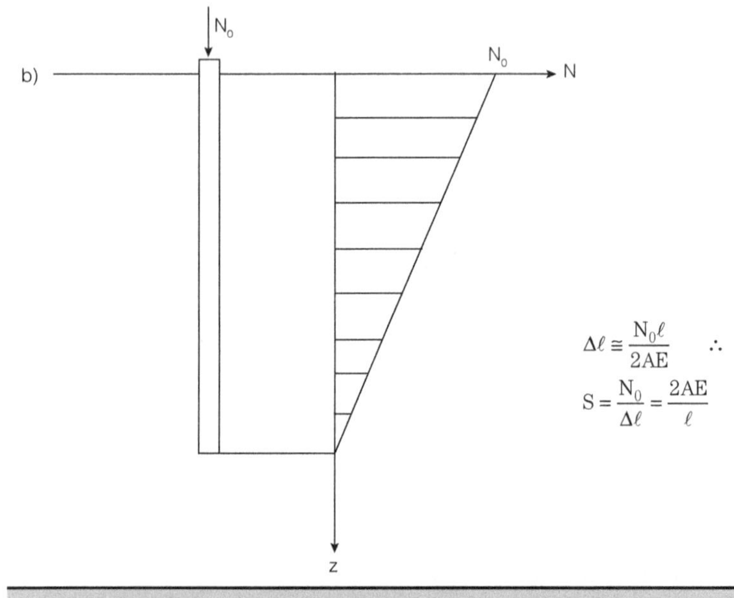

Figura 3.1 – Valores de S em função da transferência de carga.

Vê-se assim que o valor da rigidez não depende apenas das características geométricas e de deformabilidade da estaca mas também do tipo de solo atravessado.

No caso de tirantes, o diagrama de transferência de carga está indicado na Fig. 3.2. Vê-se nessa figura que a carga é constante no trecho livre (onde não há transferência de carga para o solo) e "linear" no trecho ancorado (aderência constante no contato solo-tirante).

O deslocamento do topo do tirante será portanto

$$\Delta\ell = \frac{N_0 \ell_t}{A_t E_t} + \frac{N_0 \cdot \ell_a}{2\, A_a E_a}$$

em que A_t, E_t, A_a e E_a são, respectivamente, a área e o módulo de elasticidade do aço, do tirante e do trecho ancorado.

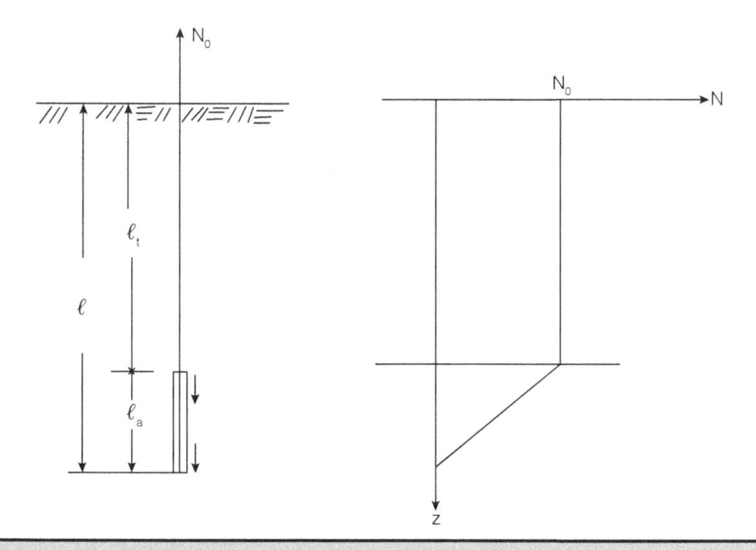

Figura 3.2 – Transferência de carga de tirantes.

Como geralmente o termo $N_0 L_a / 2\, A_a E_a$ é desprezível em comparação com $N_0\, \ell_t / \ell_t / A_t E_t$, a expressão acima pode ser escrita

$$\Delta\ell \cong \frac{N_0 \ell_t}{A_t E_t}$$

e, portanto, a rigidez do tirante será

$$S_t \cong \frac{N_0}{\Delta\ell} = \frac{A_t E_t}{\ell_t}$$

3.3 DISTRIBUIÇÃO DAS CARGAS NAS ESTACAS E NOS TIRANTES

Nas fundações que empregam simultaneamente estacas e tirantes, estes são geralmente pretendidos, para se garantir total mobilização das cargas sem a necessidade de deslocamentos significativos. Essa protenção é feita geralmente com carga igual ou ligeiramente superior à carga de trabalho quando se esperam possíveis perdas de protenção.

A carga final do tirante deverá apresentar um fator de segurança, no mínimo, de 2 em relação à carga de escoamento do material dos tirantes.

A título ilustrativo, na Tab. 3.1 são apresentadas as características de três tipos de tirantes.

A associação dos tirantes com as estacas podem ser de dois tipos: em série (Fig. 3.3a) e em paralelo (Fig. 3.3b).

Tabela 3.1 Dados básicos dos tirantes.

Tirante	Carga máxima de trabalho (kN)	Área de aço A_t (mm²)	Tipo de aço	Módulo de elasticidade (kN/mm²)
6 ∅ 8 mm	190	301,44	CP-150 RN 8	210
12 ∅ 8 mm	380	602,88	CP-150 RN 8	210
12 ∅ 12,5 mm	840	1.130,40	CP-175 RN 12,7	195

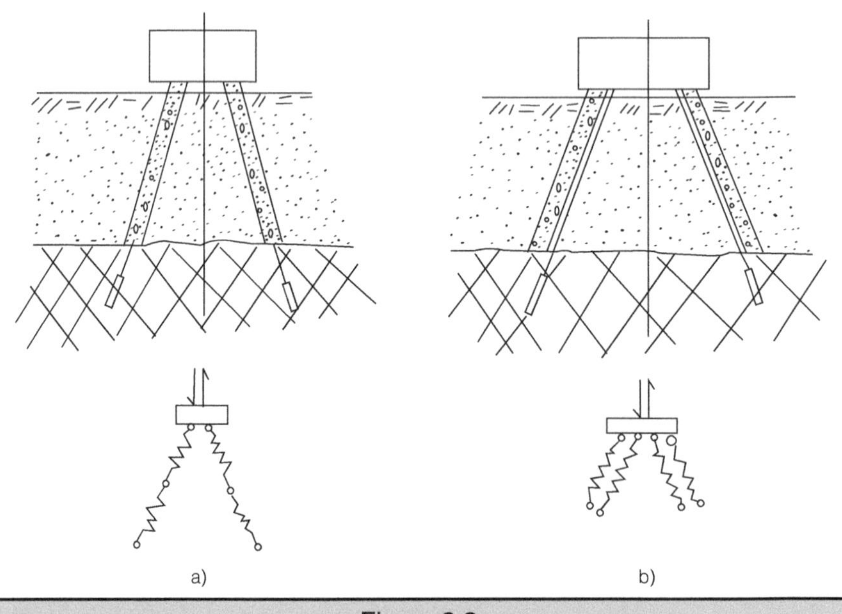

Figura 3.3

A carga em cada elemento de fundação (N_e = carga na estaca e N_t = carga no tirante) será obtida conforme se expõe, a seguir.

a) Associação em série

Neste caso, o recalque do conjunto é a soma do recalque dos elementos que o compõem: as estacas (Δ_e) e os tirantes (Δ_t). A carga será igual nos dois elementos, pois a estaca é admitida como uma haste birrotulada (mesma hipótese do método de Schiel já analisada no Cap. 2).

$$N = N_e = N_t$$

$$\Delta = \Delta_e + \Delta_t$$

$$N_e = S_e \Delta_e = \frac{A_e E_e}{\ell_e} \cdot \Delta_e \text{ (se a estaca trabalhar predominantemente de ponta)}$$

$$\text{ou} = \frac{2\,A_e E_e}{\ell_e} \cdot \Delta_e \text{ (se a estaca trabalhar por atrito)}$$

$$N_e = S_t \Delta_t = \frac{A_t E_t}{\ell_t} \cdot \Delta_t$$

b) Associação em paralelo

Neste caso, a deformação do conjunto é a mesma para os dois elementos e as cargas são distribuídas proporcionalmente às respectivas rigidez.

$$N = N_e = N_t$$

$$\Delta = \Delta_e = \Delta_t$$

$$N_e = S_e \Delta_e = \frac{A_e E_e}{\ell_e} \text{ ou } \frac{2 A_e E_e}{\ell_e} \text{ (conforme a estaca trabalhe predominantemente por ponta ou por atrito)}$$

$$N_t = S_t \Delta_t = \frac{A_t E_t}{\ell_t}$$

Como $\Delta = \Delta_e = \Delta_t$

$$N = \Delta\left[\frac{A_e E_e}{\ell_t} + \frac{A_t E_t}{\ell_t}\right]$$

Nota: as expressões acima indicadas referem-se ao caso de a quantidade de estacas ser igual à dos tirantes e os mesmos serem incorporados sem carga ($N_i = 0$).

Quando os tirantes são incorporados com carga, deve-se proceder da seguinte maneira:

Imaginar um bloco apoiado em E estacas, no qual serão instalados T tirantes (associação em paralelo). Após a aplicação da carga de incorporação N_i aos tirantes, cada estaca receberá uma carga de compressão

$N_{e1} = \frac{T \cdot N_i}{E}$ e o bloco se deslocará, para baixo, de um valor

$\Delta\ell_i = \frac{N_{e1}}{S_e} = \frac{N_{e1} \cdot \ell_e}{A_e \cdot E_e}$, como mostra a Fig. 3.4.

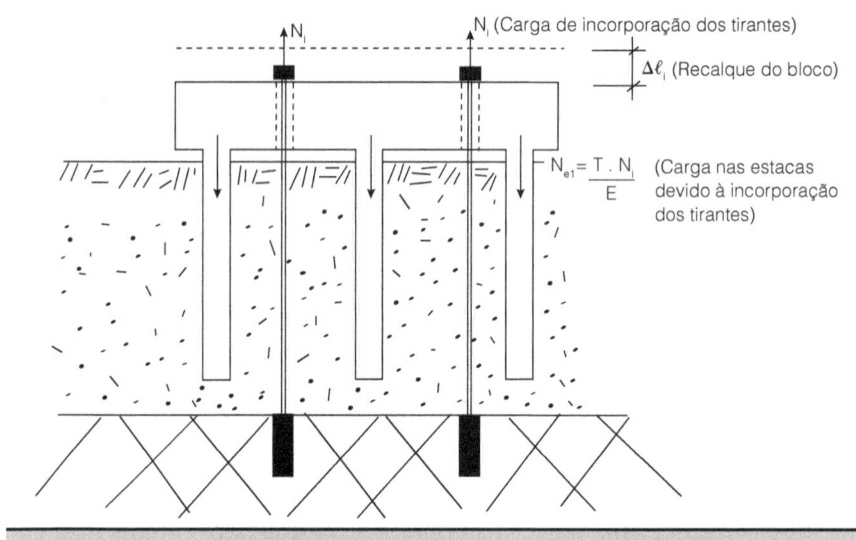

Figura 3.4 – Recalque do bloco devido à incorporação dos tirantes.

Ao atuar uma carga externa N de tração no bloco, este sofrerá um deslocamento $\Delta\ell$ para cima, que diminuirá o valor inicial de $\Delta\ell_i$, passando a aumentar a carga de tração dos tirantes e aliviando a carga N_{e1}, podendo no caso mais geral, passar a tracionar as estacas (Fig. 3.5).

Os valores de ΔN_e e ΔN_t serão respectivamente,

$\Delta N_e = S_e \, \Delta\ell$

$\Delta N_t = S_t \, \Delta\ell$

Como o sistema está em equilíbrio

$$N - T \cdot N_i - T \cdot \Delta N_t - E \cdot \Delta N_e + \frac{TN_i}{E} \cdot E = 0$$

$$-N = T \cdot \Delta N_t + E \cdot \Delta N_e = T \cdot S_t \cdot \Delta\ell + E \cdot S_e \cdot \Delta\ell$$

$\Delta\ell = \frac{-N}{E \cdot S_e + T \cdot S_t}$, que é o valor do deslocamento do bloco, para cima devido à carga externa de tração N.

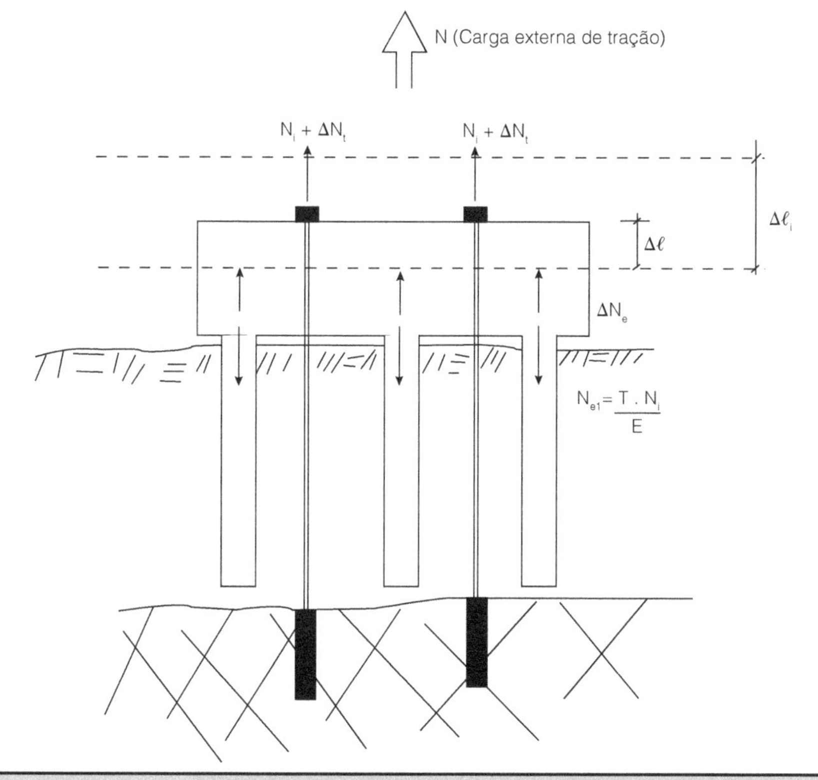

Figura 3.5 – Acréscimos de carga ΔN (na estaca) e Δ_t (no tirante) devido à carga de tração externa N_u.

Assim, as cargas finais serão:
nas estacas $N_e = N_{e1} - S_e\, \Delta\ell$ (compressão, se positivo)
nos tirantes $N_t = N_i + S_t \Delta\ell$ (tração)
(Para aplicação, ver 1º Exercício).

Se além da carga N de tração também atuarem momentos no bloco, como geralmente ocorre no pé de torres altas não estaiadas, às cargas acima calculadas deve-se adicionar o efeito devido aos momentos utilizando-se o método de Schiel ou de Nökkentved, ou ainda as expressões do Quadro 2.1 do Cap. 2.
(Para aplicação, ver 2º Exercício).

3.4 EXERCÍCIOS RESOLVIDOS

1º *Exercício:* No projeto de uma caixa-d'água enterrada foram previstas quatro estacas metálicas I 10" × 4 5/8", trabalhando à tração de 200 kN cada uma, para absorver a subpressão atuante na laje de fundo na hipótese de a caixa-d'água estar vazia. Após a cravação das estacas e execução da caixa d'água, verificou-se que o nível da água externo era mais alto do que o considerado no projeto, acarretando um acréscimo, na carga de subpressão, de 150 kN. Para resolver o problema foi decidido executar um tirante com 20 m de comprimento instalado no meio das quatro estacas. Sabendo-se que as estacas metálicas tinham 16 m de comprimento e o tirante será constituído por 6 ∅ 8 mm, calcular as cargas de tração atuantes nas estacas e no tirante para as hipóteses de o mesmo ser incorporado com carga de 160 kN e com carga nula. (Admitir que a placa de fundo da caixa-d'água é rígida.)

Solução:

Admitindo-se que as estacas metálicas trabalhem só por atrito, tem-se:

$$S_e = \frac{2\ A_e E_e}{\ell_e} = \frac{2 \times 0{,}00481 \times 210.000}{16} = 126\ \text{MN/m}$$

$$S_t = \frac{A_t E_t}{\ell_t} = \frac{301{,}44 \times 10^{-6} \times 210.000}{20} = 3{,}2\ \text{MN/m}$$

Carga total externa devido à subpressão

N = 4 × 200 – 150 = 950 kN.

1° *Caso:* Tirante incorporado com 160 kN.

Carga de compressão nas estacas devido à incorporação do tirante

$$N_{e1} = \frac{1 \times 160}{4} = 40\ \text{kN}$$

Subida da laje de fundo da caixa-d'água quando a mesma estiver vazia e atuar a subpressão

$$\Delta\ell = \frac{-N}{E \cdot S_e + T \cdot S_t} = \frac{-950 \times 10^{-3}}{4 \times 126 + 1 \times 3{,}2} = -0{,}0019\ \text{m}$$

Carga final nas estacas e no tirante

nas estacas: $N_e = N_{e1} - S_e \Delta\ell = 40 - 126 \times 10^3 \times 0{,}0019 = -199{,}4\ \text{kN}$ (tração)

no tirante: $N_t = N_i + S_t \Delta\ell = 160 + 3{,}2 \times 10^3 \times 0{,}0019 = 166\ \text{kN}$ (tração)

2° *Caso*: Tirante incorporado sem carga ($N_i = 0$).

Como $N_i = 0$, então N_e também será nulo e, portanto, as cargas finais nas estacas e no tirante serão:

nas estacas: $N_e = -S_e \Delta\ell = -126 \times 10^3 \times 0{,}0019 = -239{,}4\ \text{kN}$ (tração)

no tirante: $N_t = S_t \Delta\ell = 3{,}2 \times 10^3 \times 0{,}0019 = 6{,}1\ \text{kN}$(tração)

Conclusão:

Verifica-se pelos cálculos acima que, ao se incorporar o tirante sem carga, este praticamente, não trabalha passando toda a carga de tração a ser absorvida pelas estacas. Daí por que há sempre necessidade de incorporar os tirantes com carga próxima ou ligeiramente superior à carga de trabalho dos mesmos.

2º *Exercício:* Calcular a carga nas estacas e nos tirantes do pilar abaixo, sabendo-se que as estacas são de concreto com 40 cm de diâmetro e os tirantes são de 6 ∅ 8 mm e serão incorporados com 160 kN cada um.

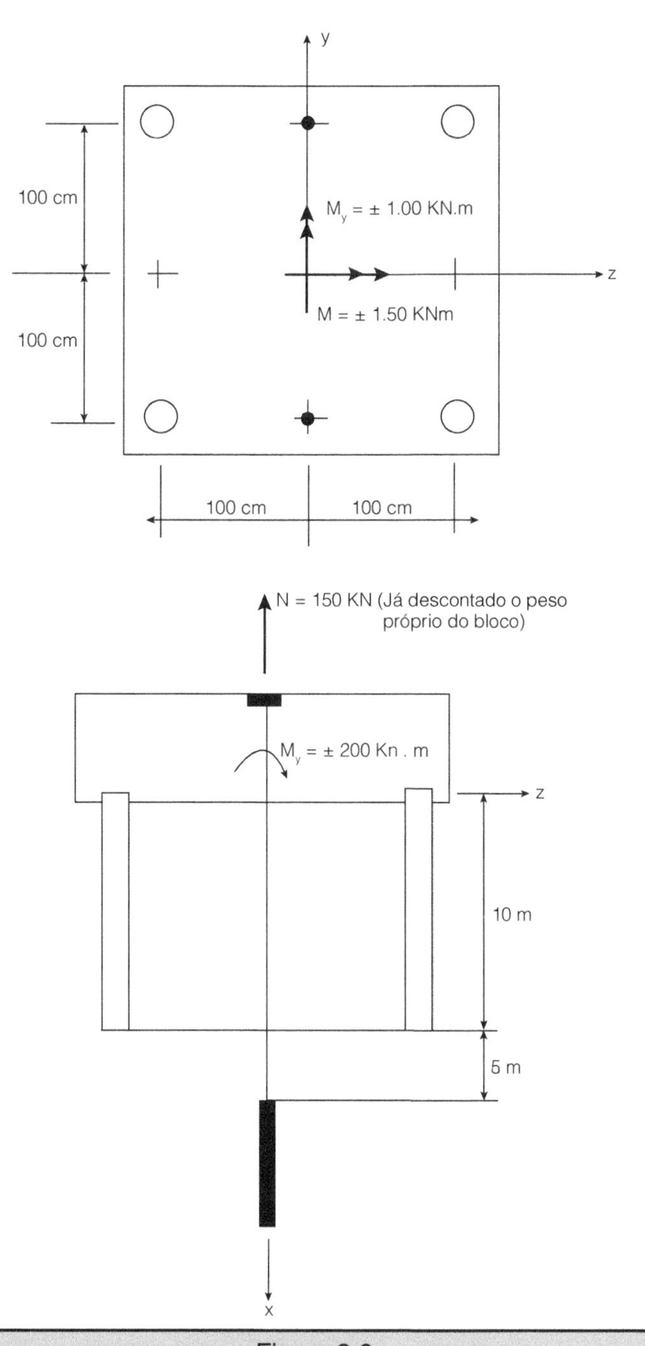

Figura 3.6

Solução:

$$S_e = \frac{A_e E_e}{\ell_e} = \frac{0{,}1257 \times 21.000}{10} \cong 264 \text{ MN/m}$$

$$S_t = \frac{A_t E_t}{\ell_t} = \frac{301{,}44 \times 10^{-6} \times 210.000}{15} \cong 4{,}2 \text{ MN/m}$$

Carga de compressão nas estacas devido à incorporação dos tirantes

$$N_{e1} = \frac{4 \times 160}{4} = 160 \text{ kN}$$

$$\Delta\ell = \frac{-150 \times 10^{-3}}{4\,(264 + 4{,}2)} = -0{,}00014 \text{ m}$$

$$\Delta N_e = -264 \times 10^3 \times 0{,}00014 \cong -37 \text{ kN (tração)}$$

$$\Delta N_t = 4{,}2 \times 10^3 \times 0{,}00014 \cong 0{,}6 \text{ (tração)}$$

Acréscimo de carga devido aos momentos

$$\Delta N = \pm \frac{M_y \cdot S \cdot z}{\Sigma S \cdot z^2} \pm \frac{M_z \cdot S \cdot y}{\Sigma S \cdot y^2}$$

$$\Sigma S_z^2 = \Sigma S_y^2 = 4 \times 264 \times 1^2 + 2 \times 4{,}2 \times 1^2 = 1.064 \text{ MN.m}$$

$$\Delta N_e = \pm \frac{100 \times 264 \times 10^{-3} \times 1}{1.064 \times 10^{-3}} \pm \frac{150 \times 264 \times 10^{-3} \times 1}{1.064 \times 10^{-3}} \therefore$$

$$\Delta N_e = \begin{cases} +62 \text{ kN (compressão)} \\ -62 \text{ kN (tração)} \end{cases}$$

$$\Delta N_e = -\frac{100 \times 4{,}2 \times 10^{-3} \times 1}{1.064 \times 10^{-3}} - \frac{150 \times 4{,}2 \times 10^{-3} \times 1}{1.064 \times 10^{-3}} \cong -1 \text{ kN}$$

Cargas finais

nas estacas $N_e = 160 - 37 \pm 62 = \begin{cases} 185 \text{ kN (compressão)} \\ 61 \text{ kN (compressão)} \end{cases}$

nos tirantes $N_t = 160 + 0{,}6 + 1 \cong 163 \text{ kN (tração)}$

3.5 REFERÊNCIAS

[1] Costa Nunes. A. J. & Suruagy, W. M. *Fundações Profundas Associadas a Ancoragens Protendidas.* 3º Simpósio Regional de Mecânica dos Solos e Engenharia de Fundações. Salvador, 1985.

[2] Danziger, B. & Danziger, F. A. B. *Algumas Considerações sobre a Utilização Conjunta de Estacas e Ancoragens Protendidas em Fundações.* VII CBMSEF. Olinda, 1982.

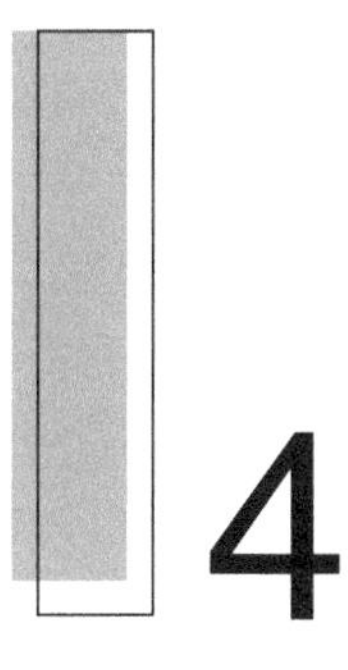

4 ESTACAS CARREGADAS TRANSVERSALMENTE NO TOPO

4.1 GENERALIDADES

Segundo De Beer, as estacas carregadas transversalmente podem ser divididas em dois grupos: as ativas e as passivas.

As estacas ativas são as que, sob a ação de cargas externas, transmitem ao solo esforços horizontais (Fig. 4.1A). Ao contrário, as estacas passivas são as em que os esforços horizontais ao longo do fuste são decorrentes do movimento do solo que as envolve (Fig. 4.1B).

No primeiro caso, o carregamento é a causa e o deslocamento horizontal, o efeito. No segundo caso, o deslocamento horizontal é a causa e o carregamento ao longo do fuste, o efeito.

Na Tab. 4.1 apresentam-se as diferenças fundamentais entre esses dois tipos de estacas.

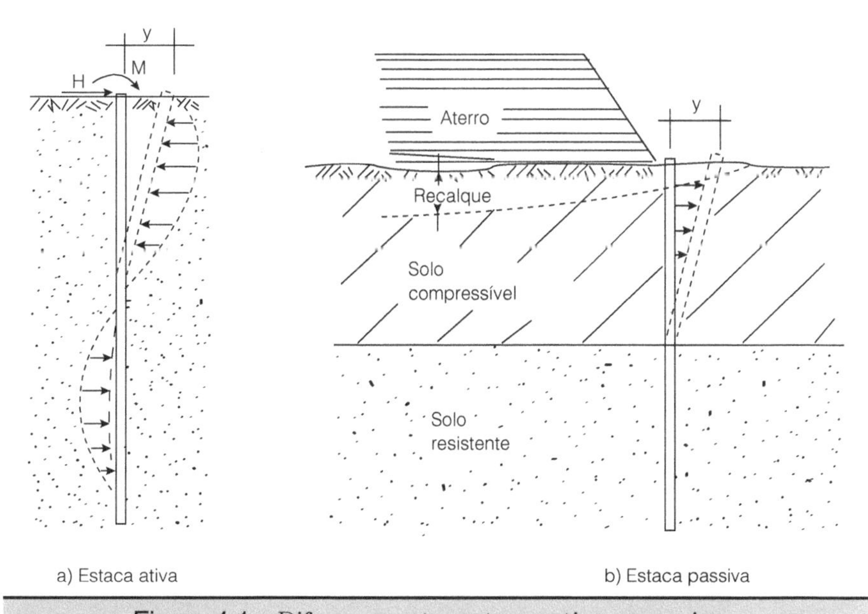

Figura 4.1 – Diferença entre estacas ativas e passivas.

Tabela 4.1 Diferença entre estacas ativas e passivas.

	Estacas ativas	Estacas passivas
Intensidade e ponto de aplicação das cargas	Conhecidos *a priori*	Não conhecidos *a priori*
Ponto de atuação das cargas	Num só plano (carregamento à superfície)	Ao longo de parte do fuste (carregamento em profundidade)
Posição relativa do solo que envolve a estaca	Há descolamento no lado contrário ao do movimento da estaca (efeito de arco)	O solo está sempre em contato com a estaca (não há efeito de arco)

As diferenças existentes entre esses dois tipos de estacas impõem tratamentos matemáticos diferentes. Neste capítulo serão analisadas as estacas ativas, no seguinte, as estacas passivas.

4.2 COEFICIENTE E MÓDULO DE REAÇÃO HORIZONTAIS

Para o estudo de estacas ativas, são frequentemente utilizados os métodos decorrentes do conceito do coeficiente de reação horizontal estimado, na grande maioria dos casos a partir dos resultados de sondagens à percussão (SPT) associado à classificação táctil-visual dos solos e à experiência do projetista da fundação calcada em obras similares.

Por esta razão, torna-se necessário realizar e interpretar o maior número possível de provas de carga, principalmente em estacas instrumentadas, a fim de se irem aferindo os parâmetros envolvidos no problema.

O coeficiente de reação horizontal, k_z, de um solo na profundidade z é definido pela relação entre a tensão unitária σ_z atuante nessa profundidade e o deslocamento sofrido pelo solo (Fig. 4.2).

$$k_z = \frac{\sigma_z}{y}$$

Esta conceituação, embora possa ser aplicada ao caso das vigas horizontais sobre apoio elástico (por exemplo, no estudo de trilhos de estradas de ferro), perde parte de seu sentido quando aplicada a estacas, principalmente à medida que as dimensões transversais das mesmas aumentam, como mostra a Fig. 4.3, que representa a distribuição de tensões na face de um elemento de estaca que sofreu um deslocamento horizontal, constante, y. Como esta estaca é "rígida" no plano horizontal (quando comparada com o solo), a distribuição da tensão σ_z não é constante ao longo da face em contato com o solo e, portanto, o valor de k_z, numa determinada profundidade, varia de ponto a ponto dessa seção. Além do mais, mesmo que trabalhássemos com o valor médio de σ_z, o valor de k_z variaria com o diâmetro da estaca, diminuindo com o aumento deste, conforme exposto no trabalho clássico de Terzaghi (ref. 27).

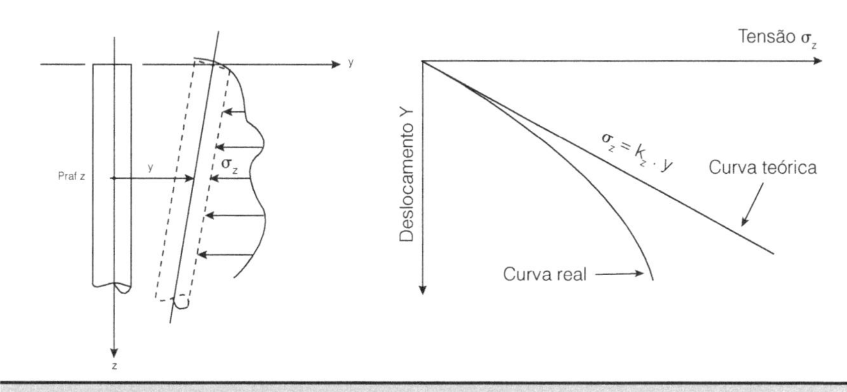

Figura 4.2 – Conceito de coeficiente de reação horizontal.

Pelas razões acima expostas é que, modernamente, em vez de se utilizar o *coeficiente* de reação horizontal, é mais cômodo empregar-se o *módulo* de reação horizontal K, definido como sendo a reação aplicada pelo solo à estaca (expressa em unidade de força por comprimento da mesma) dividida pelo deslocamento y (Fig. 4.3 *b*).

$$K = \frac{p}{y}$$

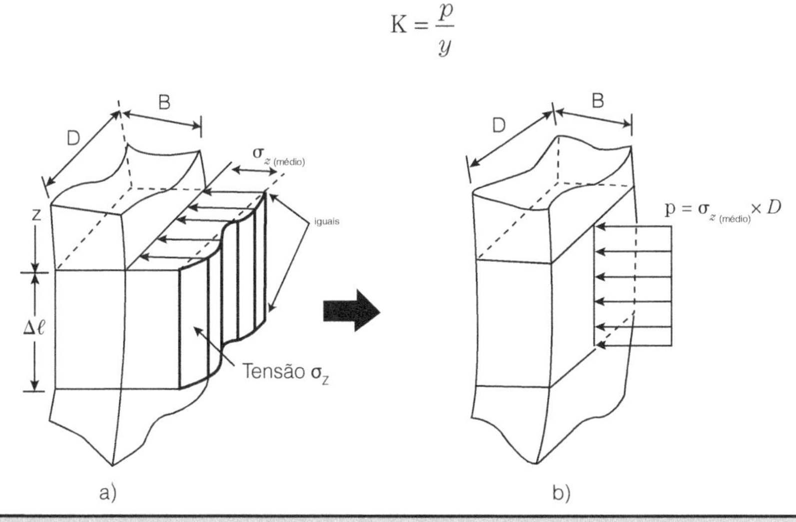

Figura 4.3 – Transformação da tensão em carga linear.

Para o caso extremamente particular em que se possa admitir σ_z = const. ao longo da face em contato.

$$K = \frac{\sigma_z \cdot D}{y} = k_z \cdot D$$

Esta nova maneira de expressar a reação do solo elimina os problemas causados pela utilização do coeficiente de reação horizontal, pois não há mais a interferência do efeito de escala, uma vez que no mesmo já está embutida a dimensão da largura da estaca.

Com base no trabalho de Terzaghi, Matlock e Reese desenvolveram estudos empregando o conceito de módulo de reação (curvas $p - y$). Com este procedimento, pode-se levar em conta os casos de não linearidade entre tensão e deslocamento bem como analisar quaisquer variações de K com profundidade (Fig. 4.4).

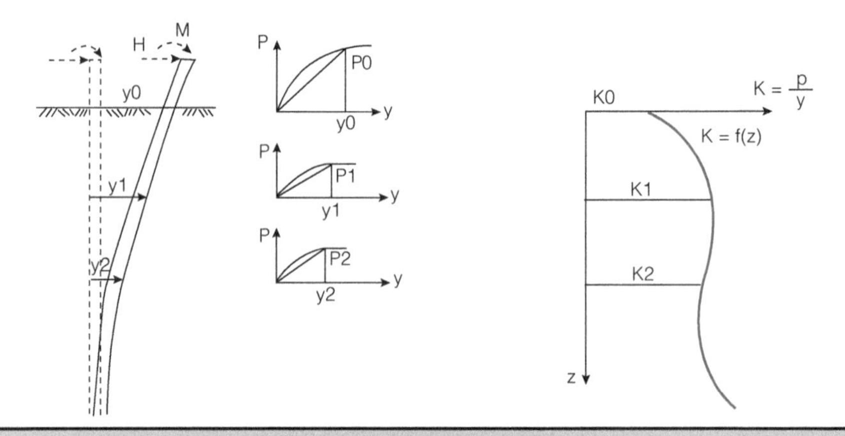

Figura 4.4 – Conceito de módulo de reação.

4.3 MODELO DE WINKLER (COEFICIENTE DE MOLA HORIZONTAL)

Para o cálculo de *uma estaca carregada* transversalmente, existem vários modelos. O mais usual é o estabelecido por Winkler em 1875, pelo qual o deslocamento y de um elemento carregado é independente da carga e do deslocamento dos elementos adjacentes (Fig. 4.5).

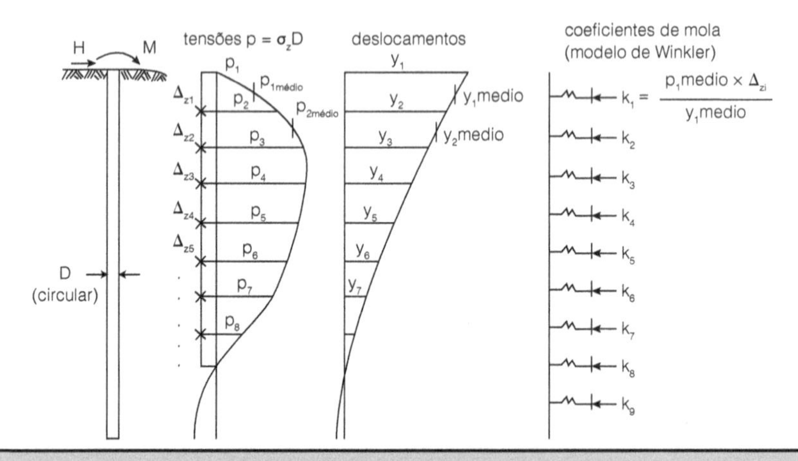

Figura 4.5 – Coeficientes de mola para o modelo de Winkler.

Neste caso, define-se como coeficiente de mola ($K_{m,i}$) a relação entre a força resistida pela mola e o deslocamento por ela sofrido.

$$K_{mi} = \frac{F_i}{y_i} = \frac{p \cdot \Delta_{zi}}{y_i}$$

Embora o modelo de Winkler não represente na totalidade a realidade física do problema, é o que tem sido mais utilizado no estudo de deslocamentos e esforços em estacas carregadas transversalmente (inclusive no estudo de flambagem), ainda mais porque softwares atuais permitem a utilização desse modelo empregando métodos de elementos finitos e métodos de diferenças finitas.

O estudo com o uso de elementos finitos ou, ainda, com o uso de diferenças finitas, foge ao escopo deste trabalho. Portanto, nos basearemos em métodos elásticos em meios contínuos.

4.4 VARIAÇÃO DO MÓDULO DE REAÇÃO COM A PROFUNDIDADE

Para se estudar uma estaca carregada transversalmente, há necessidade de se prever a variação do módulo de reação horizontal com a profundidade.

As variações mais simples são as que admitem K constante ou crescendo linearmente com a profundidade (Fig. 4.6). O primeiro caso corresponderia aos solos que apresentassem características de deformação mais ou menos independentes da profundidade. Os solos que se enquadram neste tipo são as argilas pré-adensadas (argilas rijas a duras). Para esses solos pode-se escrever

$$K = \text{constante}$$

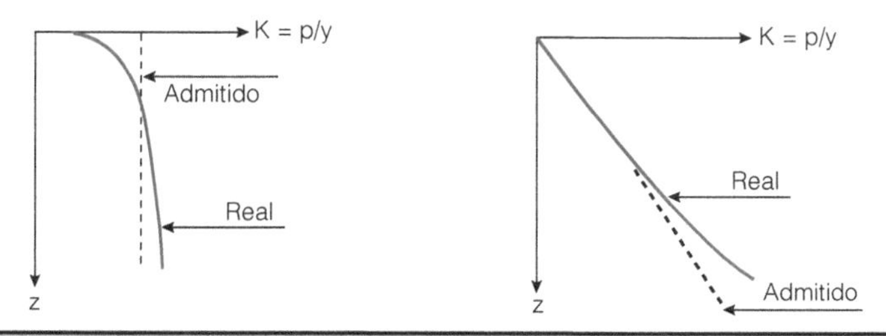

Figura 4.6 – Variações do módulo com a profundidade.

O segundo caso corresponderia aos solos que apresentassem características de deformação proporcionais à profundidade, como, por exemplo, os solos de comportamento arenoso e as argilas normalmente adensadas (argilas moles). Para esses solos pode-se escrever

$$K = \eta_h \cdot z$$

Nota: η_h denominado por Terzaghi "constante do coeficiente de reação horizontal".

Os valores de K e η_h podem ser obtidos, por exemplo, em Davisson (ref. 10) transcritos nas Tabs. 4.2 e 4.3.

Tabela 4.2 Valores do módulo de reação K para argilas pré-adensadas.

Argilas pré-adensadas		Valor de K (MPa)	
Consistência	**q_u (kPa)**	**Faixa de valores**	**Valor recomendado**
Média	20 a 40	0,7 a 4,0	0,8
Rija	100 a 200	3,0 a 6,5	5
Muito rija	200 a 400	6,5 a 13,0	10
Dura	400	> 13,0	20

Tabela 4.3 Valores da constante do coeficiente de reação horizontal η_h.

Compacidade da areia ou consistência da argila	N_{SPT}	Valor de η_h, (MN/m³)	
		Acima de NA	**Abaixo de NA**
Areia fofa	4 a 10	2,6	1,5
Areia medianamente compacta	10 a 30	8,0	5,0
Areia compacta	30 a 50	20,0	12,5
Silte muito fofo		–	0,1 a 0,3
Argila muito mole		–	0,55

Nota: para obter n_h em kgf/cm³, dividir os valores da tabela por 10 e, para obter n_h em tf/m³, multiplicar os valores da tabela por 100.

No trabalho de Sherif (ref. 25) são apresentadas 13 variações de K com profundidade (Fig. 4.7), nos quais estão englobados os dois acima.

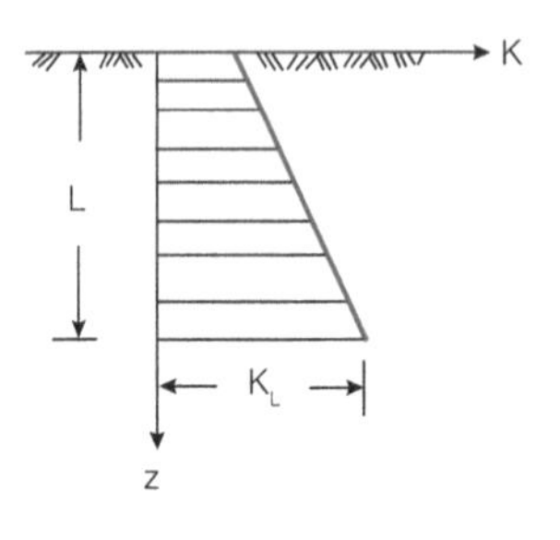

$$K = K\left\{\alpha + \beta\frac{Z}{L}\right\}$$

Caso	α	β
1	0,00	1,00
2	0,25	0,75
3	0,50	0,50
4	0,75	0,25
5	1,00	0,00

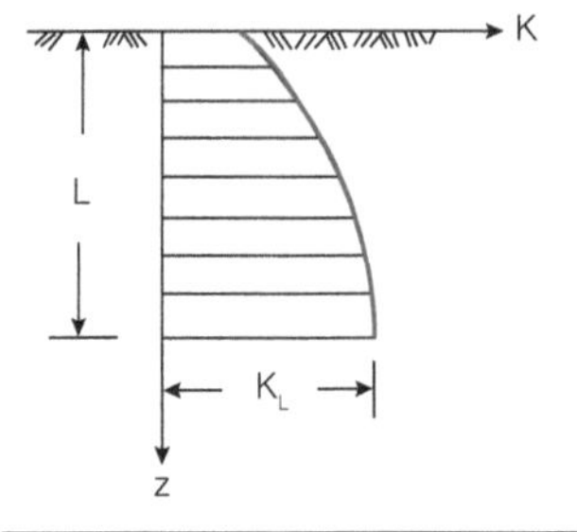

$$K = K_L\left\{\alpha + \beta\sqrt{\frac{Z}{L}}\right\}$$

Caso	α	β
6	0,00	1,00
7	0,25	0,75
8	0,50	0,50
9	0,75	0,25

Figura 4.7 – Variação dos módulos estudados por Sherif. *(continua)*

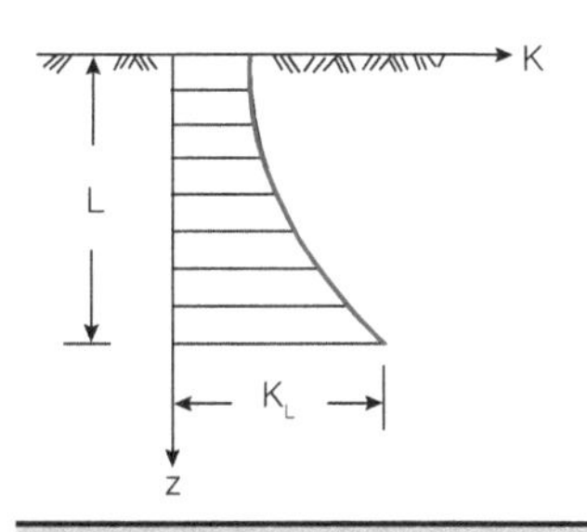

$$K = K\left\{\alpha + \beta \frac{Z^2}{L}\right\}$$

Caso	α	β
10	0,00	1,00
11	0,25	0,75
12	0,50	0,50
13	0,75	0,25

Figura 4.7 – Variação dos módulos estudados por Sherif. *(continuação)*

Davisson sugere que, mesmo para o caso de argilas pré-adensadas, admita-se uma variação de K em degrau conforme mostra a Fig. 4.8.

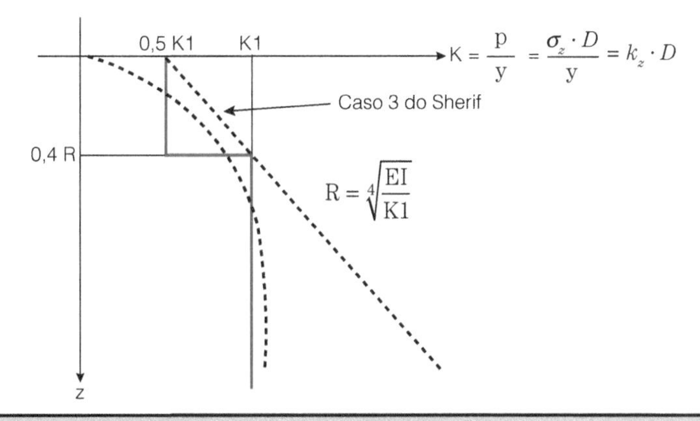

Figura 4.8 – Redução do módulo proposto por Davisson.

Na realidade, os valores de K e η_h, bem como sua variação com a profundidade, são de difícil previsão, pois os mesmos dependem de vários fatores além da própria natureza do solo que envolve a estaca. Entretanto, conforme Terzaghi, os erros na avaliação desses valores têm pouca influência nos cálculos dos momentos, pois a equação para sua determinação engloba uma raiz quarta (no caso de K = constante) ou uma quinta (no caso de $K = \eta_h z$).

Por essa razão não se torna necessário refinar ou sofisticar a lei de variação de módulo de reação com a profundidade, uma vez que se podem obter resultados plenamente satisfatórios com a utilização de leis de variações simples.

Um outro aspecto importante é que o comportamento da estaca é muito influenciado pelo solo, que ocorre nos primeiros metros. Por exemplo, Matlock e Reese concluem que, no caso de areias, o comportamento da estaca é comandada pelo solo que ocorre até a profundidade z = T, em que:

$$T = \sqrt[5]{\frac{EI}{\eta_h}}$$

No caso das argilas pré-adensadas, conforme mostra a Fig. 4.8, o refinamento do valor de K deverá ser restrito à profundade z = 0,4 R, em que:

$$R = \sqrt[4]{\frac{EI}{K}}$$

4.5 CONSIDERAÇÕES SOBRE O PROJETO

O projeto de uma estaca carregada transversalmente tem de contemplar dois objetivos simultaneamente:

- cálculo dos deslocamentos e dos esforços na estaca que permitam seu dimensionamento estrutural; e
- verificação da segurança à ruptura do solo que serve de suporte à estaca.

Para se atingir o primeiro objetivo, tem de se lançar mão de um esquema estrutural conveniente, havendo dois casos extremos conforme se indica na Fig. 4.9. O primeiro (chamado de estaca longa) é o que fornece resistência de ponta nula (quando a estaca está sujeita apenas a esforços transversais). O segundo (chamado de estaca curta) é aquele em que a resistência do solo sob a ponta da estaca é significativa para o equilíbrio dos esforços transversais externos. Para este caso extremo, a estaca se comporta como corpo rígido, sendo a estabilidade da mesma estudada com base nas três equações da estática, após se estabelecer uma lei de variação do módulo de reação do solo. Por outro lado, o diagrama de momentos, ao longo do eixo da estaca, neste caso, não será nulo no pé da mesma.

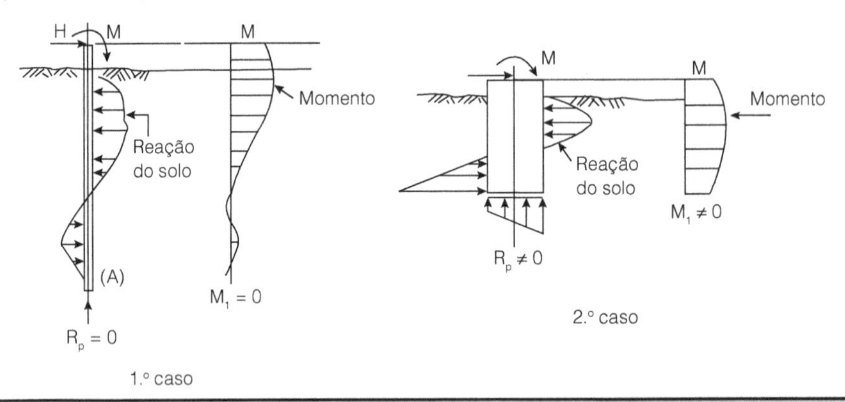

Figura 4.9 – Diferenciação entre estacas longas e curtas.

A estaca será considerada longa quando o comprimento enterrado da mesma for:

$\ell \geq 4T$ (solos com $k = \eta_h z$)

$\ell \geq 4R$ (solos com K = constante)

Caso contrário, a estaca será do tipo curta.

Entre esses dois casos extremos situam-se as chamadas estacas intermediárias. Para estas, devem-se escolher métodos de cálculo compatíveis com a realidade física.

Para se atender ao segundo objetivo, torna-se necessário comparar o diagrama de tensões aplicadas ao solo pela estaca com diagrama de tensões de ruptura do mesmo.

Cabe, finalmente, lembrar que tanto na análise do primeiro como do segundo objetivos torna-se necessário levar em conta as condições de contorno para o topo e o pé da estaca, bem como da posição da carga em relação ao nível do terreno.

4.6 EQUAÇÃO DIFERENCIAL DE UMA ESTACA LONGA

A equação diferencial de uma estaca longa imersa em meio elástico (Fig. 4.10) é:

$$\mathrm{EI}\frac{d^4y}{dz^4}+\mathrm{P}\frac{d^2y}{dz^2}+\mathrm{K}y=0$$

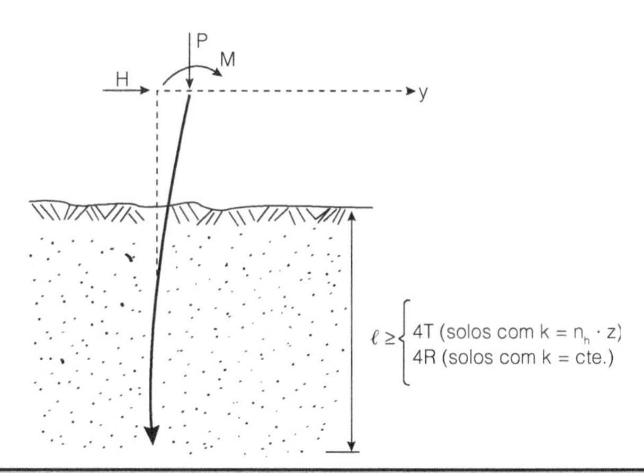

Figura 4.10 – Estaca longa.

que para P = 0 se escreve

$$\mathrm{EI}\frac{d^4y}{dz^4}+\mathrm{K}y=0$$

em que: E = módulo de elasticidade do material da estaca

I = momento de inércia da seção transversal da estaca em relação ao eixo baricêntrico, normal ao plano de flexão

Para se resolver a equação diferencial acima podem-se usar métodos numéricos ou analíticos.

O método numérico mais empregado é o das diferenças finitas. Este método, a ser exposto no próximo item, facilita o estudo das estacas longas imersas em solo com qualquer lei de variação do coeficiente de reação.

Já os métodos analíticos têm sido desenvolvidos quase que exclusivamente para os casos em que o módulo de reação é constante ou varia linearmente com a profundidade.

4.7 MÉTODO DAS DIFERENÇAS FINITAS

Na Fig. 4.11 apresentam-se as correspondências entre as diversas curvas que interessam à solução de uma estaca longa, expressas em equações diferenciais.

Para se expressar essas mesmas equações em diferenças finitas, a estaca é dividida em n segmentos iguais, conforme indica a Fig. 4.12.

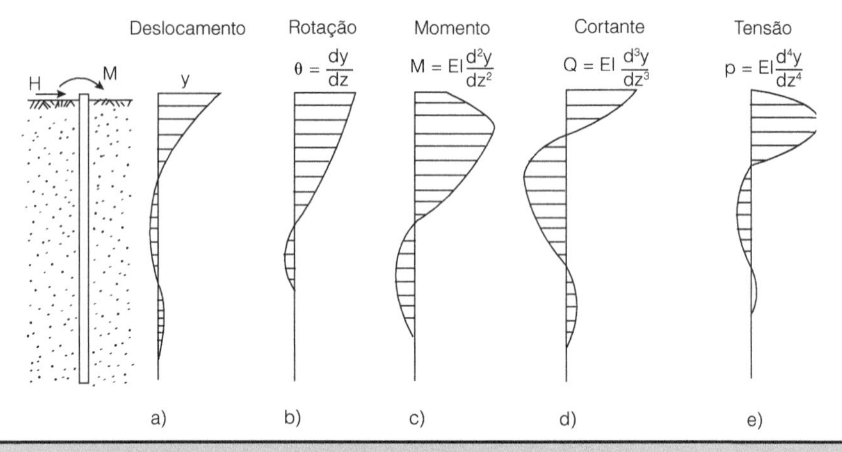

Figura 4.11 – Linhas de estado de estacas longas.

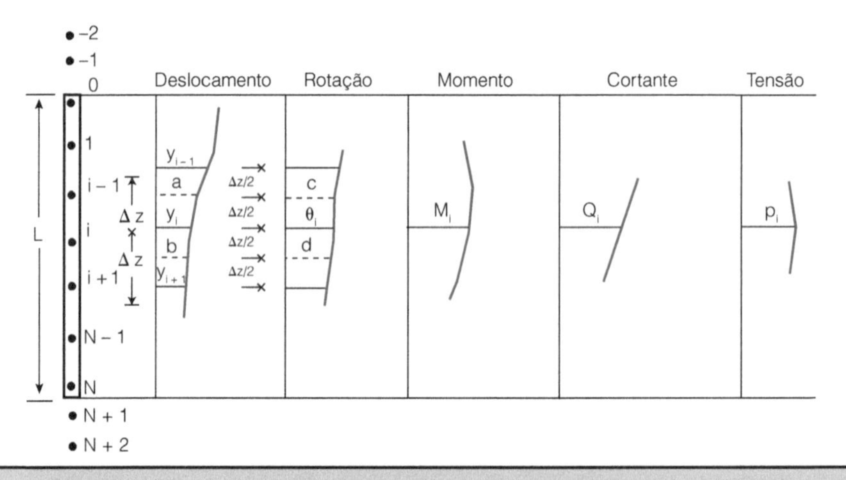

Figura 4.12 – Divisão da estaca para análise por diferenças finitas.

Os n segmentos em que foi dividida a estaca fornecem $(n + 1)$ pontos onde se pretende obter o deslocamento y, a rotação θ etc.

Com base nas Figs. 4.11 e 4.12, podem-se estabelecer as correlações entre as diversas linhas de estado.

Por exemplo:

Correlação entre θ e y.

$$\theta_i = \frac{dy}{dz} \cong \frac{\Delta y}{\Delta z} = \frac{b - a}{\Delta z} \text{ como } a = \frac{y_i - y_{i-1}}{2} \text{ e } b = \frac{y_{i+1} - y_{i-1}}{2} \rightarrow \theta_i = \frac{y_{i+1} - y_{i-1}}{2\Delta z}$$

Correlação entre M e y.

$$M_i = E.I\frac{d\theta}{dz} \cong E.I\frac{\Delta\theta}{\Delta z} = E.I\frac{d - c}{\Delta z} \text{ como } c = \frac{y_i - y_{i+1}}{\Delta z} \text{ e } d = \frac{y_{i+1} - y_{i-1}}{\Delta z} \rightarrow$$

$$M_i = E.I\frac{y_{i+1} - 2y_i + y_{i-1}}{\Delta z^2}$$

Analogamente, são obtidos $Q_i = E.I\frac{y_{i+2} - 2y_{i+1} + 2y_{i-1} - y_{i-2}}{2\Delta z^3}$

$$p_i = E.I\frac{y_{i+2} - 4y_{i+1} + 6y_i - 4y_{i-1} + y_{1-2}}{\Delta z^4}$$

Essas equações aplicadas aos nós 1 a $(n - 1)$ fornecem $(n - 1)$ equações. Por outro lado, existem mais quatro equações (duas no topo e duas no pé da estaca) e duas de equilíbrio estático.

Por exemplo, para o topo livre se escreve $(i = 0)$

Momento $M_o = M \rightarrow M = E.I\frac{y_1 - 2y_o + y_{-1}}{\left(\frac{L}{n}\right)^2}$

Cortante $Q_o = H \rightarrow H = E.I\frac{y_2 - 2y_1 + 2y_{-1} - y_{-2}}{2\left(\frac{L}{n}\right)^3}$

Analogamente, podem-se escrever as equações para o topo engastado e para as condições de contorno do pé.

Finalmente, existem mais duas equações que devem ser introduzidas para resolver o problema que são as equações do equilíbrio estático ($\Sigma H = 0$ e $\Sigma M = 0$), já que $V = 0$.

Obtém-se assim um sistema de $n + 5$ equações que, resolvido, fornece os $n + 5$ deslocamentos sendo que nos nós -2, -1, $n + 1$ e $n + 2$ esses deslocamentos são fictícios.

Com base nesse método, Sherif apresenta uma série de tabelas cobrindo 13 variações do módulo de reação horizontal.

4.8 MÉTODOS ANALÍTICOS

As primeiras soluções de estacas longas imersas em meio elástico têm como base o conceito do coeficiente de reação horizontal em vez do módulo de reação. As soluções consideradas clássicas devem-se a Miche (1930), que resolveu o caso no qual o coeficiente de reação horizontal varia linearmente com a profundidade, e a Hetenyi (1946), que resolveu o caso no qual esse coeficiente é constante com a profundidade.

Para que os valores calculados por esses métodos sejam válidos, deve-se trabalhar dentro do regime elástico, ou seja, com esforços no solo da ordem de grandeza da metade de sua carga de ruptura, avaliada com base em métodos que serão expostos mais adiante.

As expressões a seguir já foram adaptadas para o conceito de módulo de reação horizontal.

4.8.1 Solução de Miche

Este autor parece ter sido o primeiro a integrar a equação diferencial de uma estaca longa imersa num meio elástico com módulo de reação horizontal variando linearmente com a profundidade solicitada por uma força horizontal H aplicada ao nível do terreno ($K = \eta_h \cdot z$).

- Deslocamento horizontal do topo da estaca

$$y_0 = 2{,}4\frac{T^3H}{EI}$$

- Momento fletor máximo (ocorre na profundidade de z = 1,32 T).

$M_{máx} = 0{,}79\ HT$

em que: $T = \sqrt[5]{\frac{EI}{\eta_h}}$

As linhas de estado ao longo da estaca estão indicadas na Fig. 4.13. Por essas linhas de estado, verifica-se que, para se considerar a estaca do tipo longa, a mesma deverá ter um comprimento $\ell \geq 4T$.

(Para aplicação, ver 1º Exercício.)

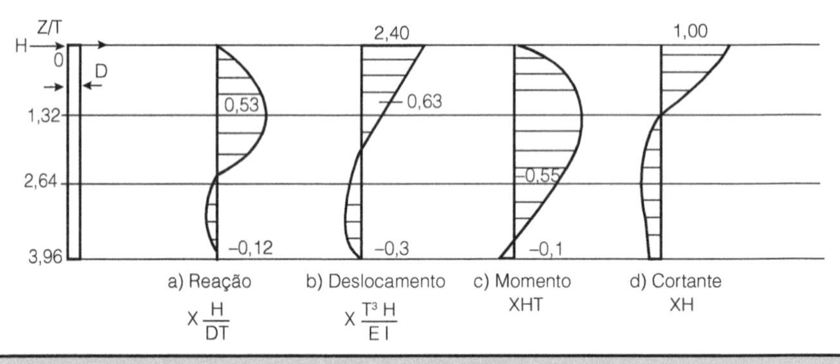

Figura 4.13 – Linhas de estado propostas por Miche.

4.8.2 Solução de Hetenyi

Este autor resolveu o caso de uma viga horizontal infinita apoiada em meio elástico, portanto sua solução pode ser aplicada às estacas longas imersas em solos com módulo de reação constante com a profundidade. Para este tipo de estacas, sujeitas a uma força horizontal H e um momento M aplicados à estaca no nível do terreno, tem-se, respectivamente, para o deslocamento, o momento e o cortante, as expressões:

$$Y_i = \frac{2H\lambda}{K} D_\lambda + \frac{2M\lambda^2}{K} C_\lambda$$

$$M_i = \frac{H}{\lambda} B_\lambda + MA_\lambda$$

$$Q_i = HC_\lambda + 2\ MB_\lambda$$

em que: $\lambda = \sqrt[4]{\frac{K}{4EI}}$

Os valores dos coeficientes Aλ, Bλ, Cλ e Dλ são apresentados na Tab. 4.4.

Para a estaca ser considerada longa deve-se ter:

$$\ell \geq \frac{4}{\lambda}$$

Para o caso particular de $z = 0$, o deslocamento ao nível do terreno é:

$$Y_0 = \frac{2H\lambda}{K} + \frac{2M\lambda^2}{K}$$

O momento máximo na estaca ocorre na profundidade $\lambda \cdot z = 0{,}7$ e seu valor é:

$$M_{máx.} = 0{,}32\ \frac{H}{\lambda} + 0{,}7\ M$$

(Para aplicação, ver 2º e 3º Exercícios).

Tabela 4.4 Coeficientes propostos por Hetenyi.

λ · z	Aλ	Bλ	Cλ	Dλ
0	1	0	1	1
0,1	0,9906	0,0903	0,8100	0,9003
02	0,9651	0,1627	0,6398	0,8024
0,5	0,8231	0,2908	0,2414	0,5323
0,7	0,6997	0,3199	0,0599	0,3798
π/4	0,6448	0,3224	0	0,3224
1,0	0.5083	0.3096	– 0,1109	0,1987
1,5	0,2384	0.2226	– 0,2068	0,0158
π/2	0,2079	0,2079	0,2079	0
2,0	0,0667	0,1230	– 0,1793	– 0,0563
3/4	0	0,0671	– 0,1342	– 0,0671
2,5	– 0,0166	0,0492	– 0,1149	– 0,0658
3,0	– 0,0422	0,0071	– 0,0563	– 0,0493
π	– 0,0432	0	– 0,0432	– 0,0432
3,5	– 0,0388	– 0,0106	– 0,0177	– 0,0283
5/4 π	– 0,0278	– 0,0140	0	– 0,0139
4,0	– 0,0258	– 0,0139	0,0019	– 0,0120

4.9 MÉTODOS QUE UTILIZAM O CONCEITO DE MÓDULO DE REAÇÃO

Todos os métodos que se baseiam no conceito de módulo de reação apresentam limitações decorrentes principalmente do fato de se admitir uma variação linear entre a reação do solo e o deslocamento produzido. Esta consideração só é válida para pequenos deslocamentos, nos quais a tangente coincide com a curva $p - y$ (Fig. 4.14). Do ponto de vista prático, isso ocorre até um valor $p = \frac{1}{2}$ a $\frac{1}{4} \cdot p_{rup}$. Para valores maiores, a reta secante (que define K) não mais coincide com a curva $p - y$, porém o método pode ainda ser aplicado desde que, por uma solução iterativa (variações de K), obtenham-se as coordenadas $(p_a;y_a)$ do ponto A. Com este procedimento, consegue-se reproduzir uma compatibilidade entre tensão e deslocamento de uma função não linear por meio de outra linear. E claro que, para este caso, o valor de K vai depender de y, diminuindo com este, ao contrário do primeiro caso, no qual K é constante para qualquer y.

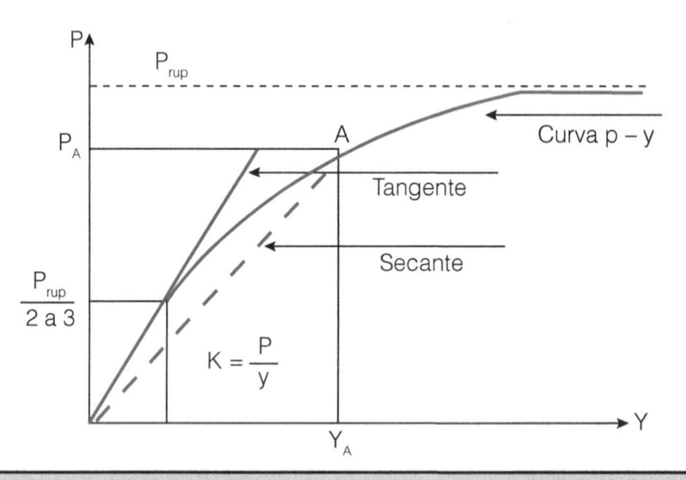

Figura 4.14 – Módulos tangente e secante.

Apesar dessas deficiências teóricas, esses métodos têm apresentado resultados aceitáveis na prática da engenharia, sendo portanto universalmente usados. A seguir, são resumidos dois desses métodos.

MÉTODO 1 – DAVISSON E ROBINSON

Esses autores estudaram o caso de estacas longas parcialmente enterradas usando o conceito de estaca substituta. Para tanto, a estaca é substituída por outra equivalente, que se encontra engastada a uma certa profundidade (Fig. 4.15).

Para o método ser aplicável, a estaca deverá ter um comprimento $\ell > 4R$ ou $4T$.

Comprimento equivalente

$$L_e = L_u + L_s$$

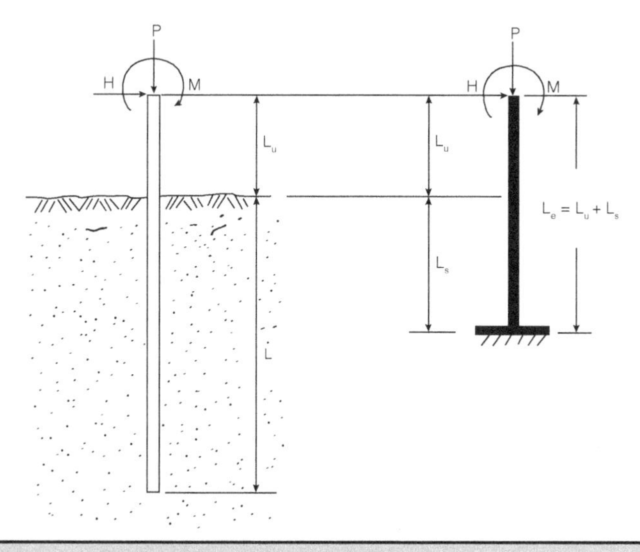

Figura 4.15 – Estaca equivalente proposta por Davisson.

O valor de L_s da estaca substituta é obtido como se segue.

1º *Caso:* Solo com K = *cte*

Com base na Fig. 4.16a, pode-se obter:

$$J_r = \frac{L_u}{R}$$

$$L_s = S_R \cdot R$$

2º *Caso:* Solo com $K = \eta_h \cdot z$

Com base na Fig. 4.16b, pode-se obter:

$$J_t = \frac{L_u}{T}$$

$$L_s = S_T \cdot T$$

Uma vez obtida a estaca substituta (Fig. 4.15B), o cálculo estrutural é feito pelos métodos clássicos da Resistência dos Materiais.

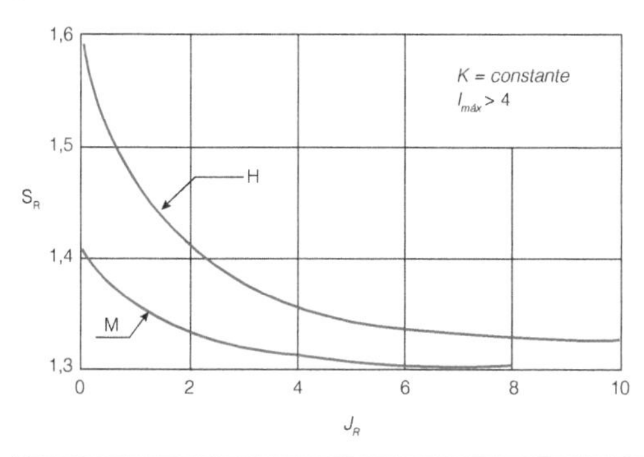

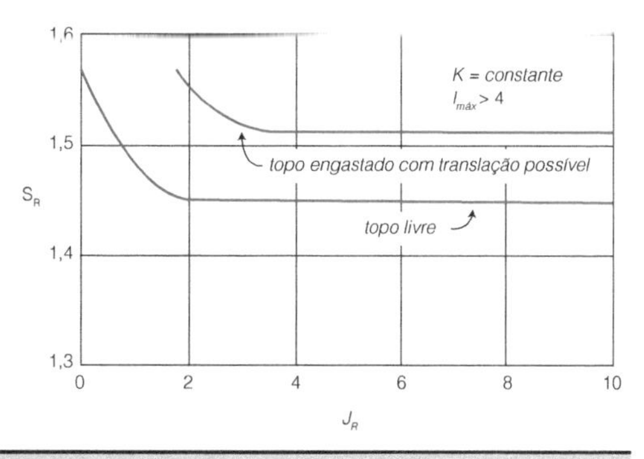

Figura 4.16 – Valores de S_T e S_R por Davisson (flexão e flambagem). *(continua)*

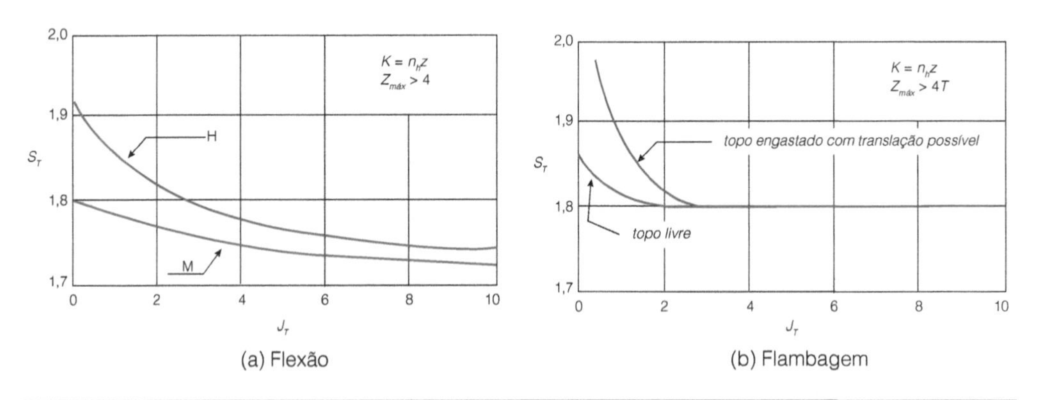

Figura 4.16 – Valores de S_T e S_R por Davisson (flexão e flambagem). *(continuação)*

Cabe lembrar que o método proposto por Davisson e Robinson conduz a deslocamentos e esforços solicitantes no topo da estaca com razoável aproximação. O momento na seção de engaste (Fig. 4.15B), porém, será maior que o que realmente ocorre devido à não consideração da reação do solo que existe nesse trecho. Entretanto, este método tem bastante aplicação no estudo da flambagem das estacas, quer se use o próprio procedimento adotado pelos autores, ou o indicado no item 4.1.1.3 da NBR 6118, como se mostrou no 3º Exercício do Cap. 1.

MÉTODO 2 – MATLOCK E REESE

Esses autores usaram a técnica da diferenciação com a ajuda de computadores e resolveram a equação diferencial básica para qualquer variação das curvas $p - y$.

Para o caso particular de $K = \eta_h \cdot z$ obtiveram:

$$Y = A_y \frac{H_0 T^3}{EI} + B_y \frac{M_0 T^2}{EI}$$

em que:

H_0 e M_0 são a força horizontal e o momento aplicados no topo da estaca, admitido livre

A_y e B_y são parâmetros admensionais (Tab. 4.5)

T é o valor já definido anteriormente

Por diferenciações sucessivas da expressão acima obtém-se:

$$\theta = A_\theta \frac{H_0 T^2}{EI} + B_\theta \frac{M_0 T}{EI}$$

$$M = A_m H_0 T + B_m M_0$$

$$Q = A_q H_0 + B_q \frac{M_0}{T}$$

$$p = A_p \frac{H_0}{T} + B_p \frac{M_0}{T^2}$$

Para analisar a interação superestrutura-estacas, a expressão do deslocamento pode ser escrita de maneira mais conveniente.

$$y = C_y \frac{HT^3}{EI}$$

Tabela 4.5 Coeficientes propostos por Matlock e Reese.

Coeficientes adimensionais de Matlock e Reese.

z/T	A_y	A_θ	A_m	A_q	A_p	B_y	B_θ	B_m	B_q	B_p
0	2,435	- 1,623	0	1	0	1,623	- 1,750	1	0	0
0,1	2,273	- 1,618	0,100	0,989	- 0,227	1,453	- 1,650	1	- 0,007	- 0145
0,2	2,112	- 1,603	0,198	0,956	- 0,422	1,293	- 1,550	0,999	- 0,028	- 0,259
0,3	1,952	- 1,578	0,291	0,906	- 0,586	1,143	- 1,450	0,994	- 0,058	- 0,343
0,4	1,796	- 1,543	0,379	0,840	- 0,718	1,003	- 1,351	0,987	- 0,095	- 0,401
0,5	1,644	- 1,503	0,459	0,764	- 0,822	0,873	- 1,253	0,976	- 0,137	- 0,436
0,6	1,496	- 1,454	0,532	0,677	- 0,897	0,752	- 1,156	0,960	- 0,181	- 0,451
0,7	1,353	- 1,397	0,595	0,585	- 0,947	0,642	- 1,061	0,939	- 0,226	- 0,449
0,8	1,216	- 1,335	0,649	0,489	- 0,973	0,540	- 0,968	0,914	- 0,270	- 0,432
0,9	1,086	- 1,268	0,693	0,392	- 0,977	0,448	- 0,878	0,885	- 0,312	- 0,403
1,0	0,962	- 1,197	0,727	0,295	- 0,962	0,364	- 0,792	0,852	- 0,350	- 0,364
1,2	0,738	- 1,047	0,767	0,109	- 0,885	0,223	- 0,629	0,775	- 0,414	- 0,268
1,4	0,544	- 0,893	0,772	- 0,056	- 0,761	0,112	- 0,482	0,688	- 0,456	- 0,157
1,6	0,381	- 0,741	0,746	- 0,193	- 0,609	0,029	- 0,354	0,594	- 0,477	- 0,047
1,8	0,247	- 0,596	0,696	- 0,298	- 0,445	- 0,030	- 0,245	0,498	- 0,476	0,054
2,0	0,142	- 0,464	0,628	- 0,371	- 0,283	- 0,070	- 0,155	0,404	- 0,456	0,140
3,0	- 0,075	- 0,040	0,225	- 0,349	0,226	- 0,089	0,057	0,059	- 0,213	0,268
4,0	- 0,050	0,052	0,000	- 0,106	0,201	- 0,028	0,049	- 0,042	0,017	0,112
5,0	- 0,009	- 0,025	- 0,033	0,013	0,046	0	0,011	- 0,026	- 0,029	- 0,002

em que:

$C_y = A_y + \frac{M_0}{HT} B_y$ pode ser obtido no gráfico da Fig. 4.17

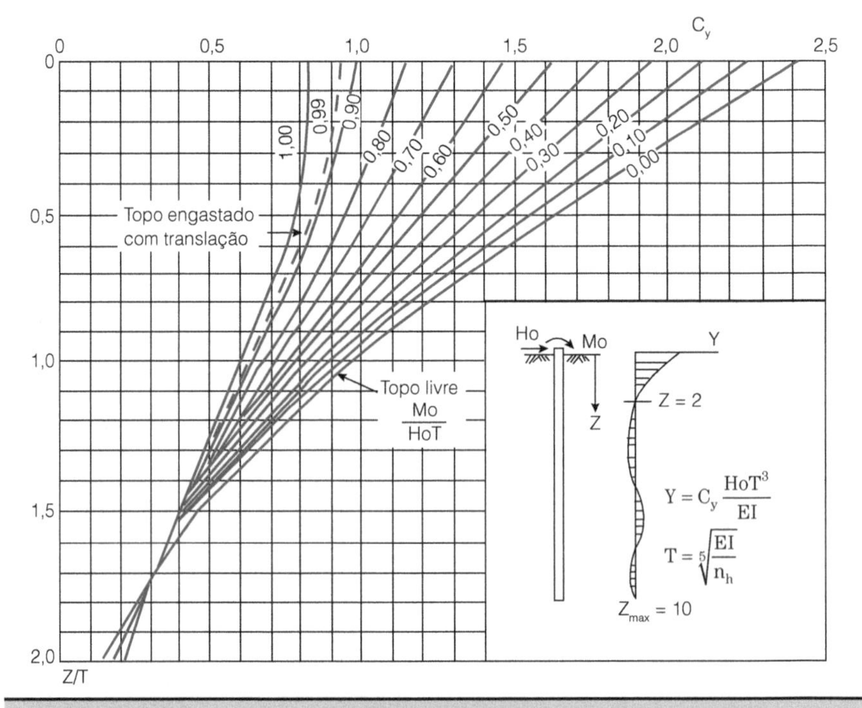

Figura 4.17 – Coeficiente C_y.

O valor real da parcela $\frac{M_0}{HT}$ no topo da estaca é determinado pelas propriedades da estrutura e de sua ligação com as estacas. Por exemplo, para o caso particular estudado por Matlock e Reese (Fig. 4.18), obtém-se:

$$\theta = \frac{h}{3{,}5\ EI} M_0$$

Este valor substituído na expressão de Matlock e Reese fornece:

$$\frac{M_0}{HT} = \frac{A_\theta T}{\frac{h}{3{,}5} + B_0 T}$$

e, para o caso de $z = 0$,

$$\frac{M_0}{HT} = \frac{-1{,}623\ T}{\frac{h}{3{,}5} + 1{,}75\ T}$$

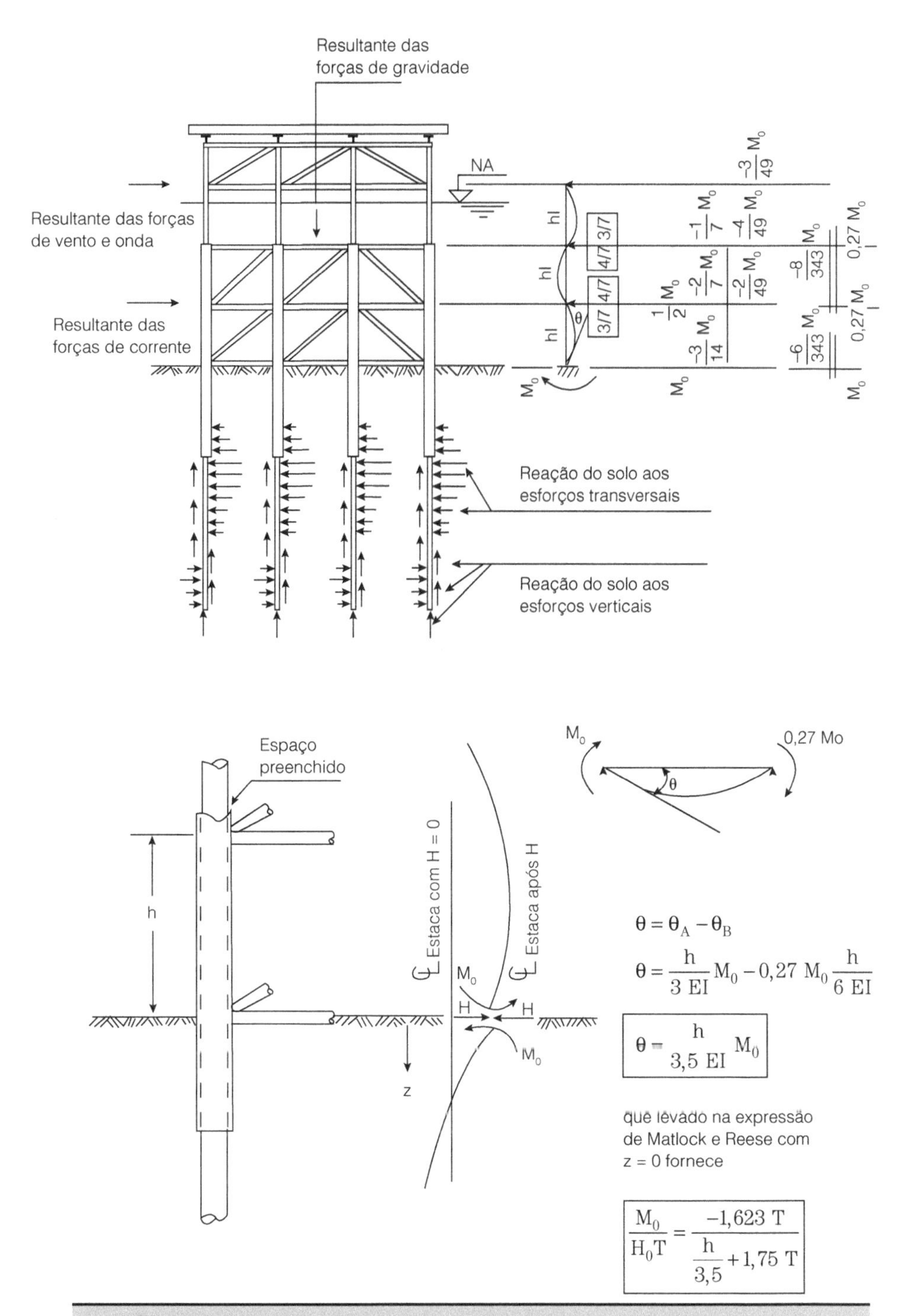

Figura 4.18 – Exemplo estudado por Reese.

4.10 CONSIDERAÇÕES DO ENGASTAMENTO DA ESTACA NO BLOCO

As expressões expostas nos itens anteriores, com exceção do exemplo da Fig. 4.18, são válidas para as estacas com o topo livre (Fig. 4.19a). Entretanto, há casos em que o topo da estaca está engastada no bloco (Fig. 4.19b).

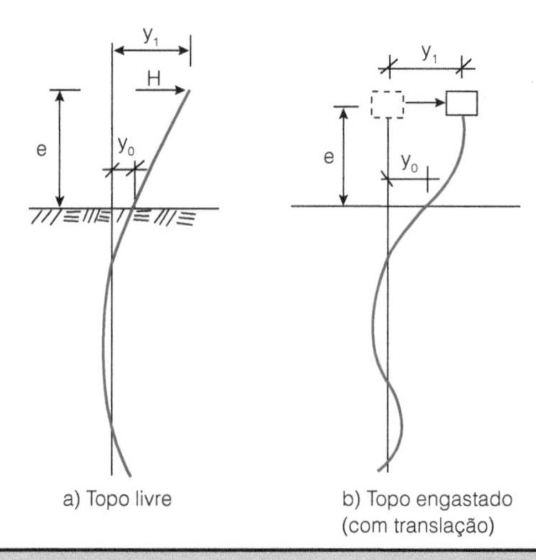

Figura 4.19 – Considerações do topo de estaca.

Os valores de y_1 e y_0 podem ser obtidos, para o caso de topo livre, tomando-se como base a Fig. 4.20 e aplicando-se as equações de Matlock e Reese, quando o solo apresentar módulo de reação crescente linearmente com a profundidade, ou a solução de Hetenyi, quando esse módulo for constante. A esses valores calculados acrescenta-se o valor obtido pela resistência dos materiais para uma viga em balanço com carga concentrada na ponta (valor Yb)

Assim, tem-se:

a) $K = \eta_h \cdot z$

$$y_0 = \frac{H}{EI}\left(2{,}435.T^3 + 1{,}623.e.T^2\right)$$

$$y_1 = y_0 + \frac{H}{EI}\left(1{,}623.e.T^2 + 1{,}75.e^2.T + \frac{e^3}{3}\right)$$

b) k = constante

$$y_0 = \frac{H}{EI}\left(1{,}414\ R^3 + e.R^2\right)$$

$$y_1 = y_0 + \frac{H}{EI}\left(e.R^2 + 1{,}414.e^2.R + \frac{e^3}{3}\right)$$

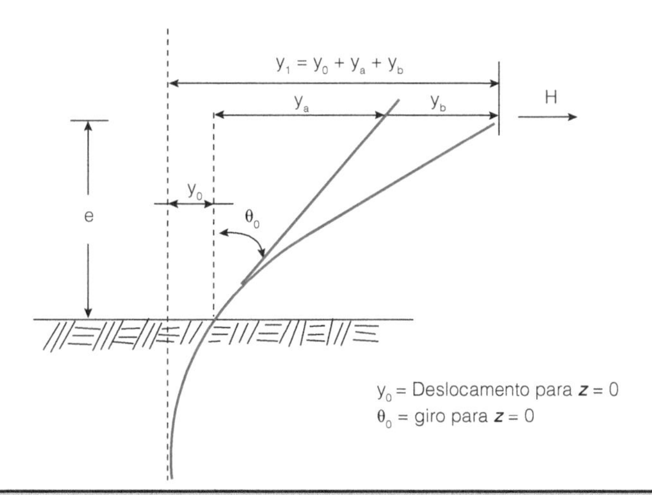

Figura 4.20 – Estaca longa com topo livre.

O caso de topo engastado com translação pode ser obtido pela superposição do caso anterior com outro onde se aplica um momento M no topo da estaca, tal que resulte $\theta_H = \theta_M$ nas condições indicadas na Fig. 4.21.

Se $\theta_{M=1}$ é a rotação causada por um momento unitário aplicado em A (Fig. 4.21c) e M é o momento que provoca em A uma rotação θ_H então:

$$M = \frac{\theta_H}{\theta_{M=1}}$$

Assim, tem-se:

a) $k = \eta_h \cdot z$:

$$y_0 = \frac{1}{EI}\left(2{,}435.H.T^3 + 1{,}623.H.e.T^2 - 1{,}623.M.T^2\right)$$

$$y_1 = y_0 + \frac{1}{EI}\left[1{,}623.H.e.T^2 + 1{,}75\left(H.e^2.T - M.e.T\right) + \frac{H.e^3}{3} - \frac{M.e^2}{2}\right]$$

em que

$$M = \frac{1{,}623\ H\ T^2 + 1{,}75\ H.e.T + 0{,}5\ H.e^2}{1{,}75.T + e}$$

b) k = constante

$$y_0 = \frac{1}{EI}\left(1{,}414.H.R^3 + H.e.R^2 - M.R^2\right)$$

$$y_1 = y_0 + \frac{1}{EI}\left[H.e.R^2 + 1{,}414\left(H.e^2.R - M.e.R\right) + \frac{H.e^3}{3} - \frac{M.e^2}{2}\right]$$

em que

$$M = \frac{H.R^2 + 1{,}414\ H.e.L + 0{,}5\ H.e^2}{1{,}414\ R + e}$$

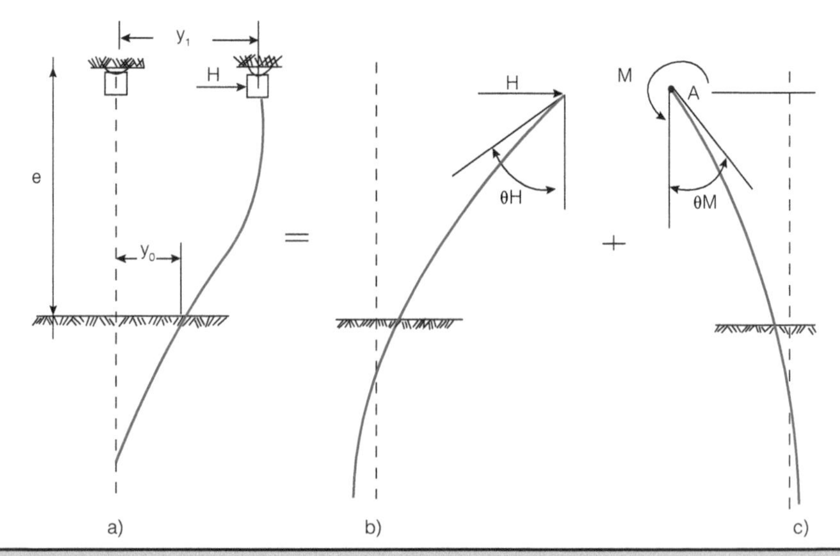

Figura 4.21 – Parcelas Y_1Y_0 para estacas com topo engastado com transição.

4.11 SOLUÇÃO DE UMA ESTACA CURTA

A solução de estacas curtas imersas em meio elástico ê obtida a partir das três equações de equilíbrio da estática, uma vez que se admite que as mesmas sofram deslocamentos de corpo rígido. Assim, o deslocamento final da estaca pode ser decomposto em três deslocamentos básicos (horizontal, vertical e giro), aos quais o solo responde com tensões proporcionais ao deslocamento (conceito do coeficiente de reação horizontal).

O método mais difundido entre nós é o chamado *método russo,* adaptado por Paulo Faria (para caso de tubulões circulares com base alargada), conforme expôs Velloso (ref. 30).

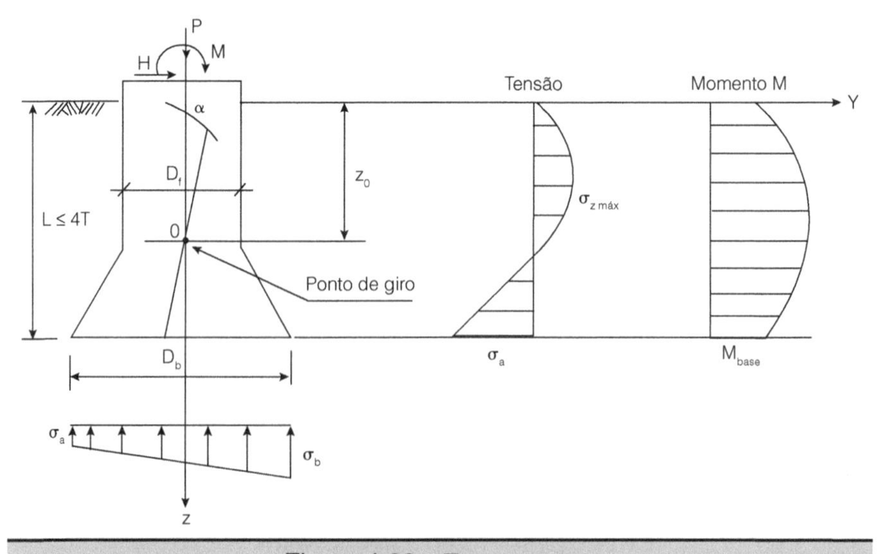

Figura 4.22 – Estaca curta.

Chamando K_y o coeficiente de reação vertical do solo que serve de apoio à base do tubulão; $K_\ell = \eta_h\, \ell/D_f$, o coeficiente de reação horizontal, na profundidade ℓ e A_b = área da base do tubulão, as equações de equilíbrio conduzem às seguintes expressões:

a) Deslocamentos no topo e giro do tubulão.

$$\Delta y = \frac{2H}{k_\ell.\ell.D_f} + \frac{2}{3}.\ell.\alpha$$

$$\Delta z = \frac{P}{K_v A_b}$$

$$\alpha = \frac{2H\ell + 3M}{\frac{1}{12}K_\ell \ell^3 D_f + \frac{3}{16}K_v A_b D_b^2}$$

b) Tensões ao longo do fuste e na base.

$$\sigma_z = \frac{k_\ell}{\ell} z \Delta y + \frac{k_\ell}{\ell} \cdot z^2 \cdot \alpha$$

cujos valores máximos são:

$$\sigma_z \text{máx.} = -\frac{k_\ell \Delta y^2}{4\alpha\ell}$$

$$\sigma'_a = k_\ell(\ell\alpha - \Delta y)$$

$$\sigma_{a,b} = \frac{P}{A_b} \pm \frac{k_v D_b}{2}\alpha$$

c) Ponto de giro.

$$z_0 = \frac{\Delta y}{\alpha}$$

Para se considerar o tubulão estável, basta atender as seguintes condições

$$\sigma'_a < \gamma\,\ell(k_p - K_a)$$

$$\frac{\sigma_a + \sigma_b}{2} \leq \sigma_s$$

$$\sigma_b \leq 1{,}3\ \sigma_s$$

em que:

γ é o peso específico do solo que envolve o tubulão

k_a a k_p coeficientes de empuxo de Rankine

σ_s é a tensão admissível do solo de apoio do tubulão

(Para aplicação, ver 5º Exercício).

4.12 COEFICIENTES DE SEGURANÇA À RUPTURA

O cálculo de estacas submetidas a esforços transversais não se pode restringir apenas à obtenção de momentos e cortantes, que permitem dimensionar a peça. Há necessidade de se verificar se o solo que serve de suporte à mesma apresenta um satisfatório coeficiente de segurança à ruptura. Por essa razão, o cálculo dos deslocamentos e das tensões aplicadas ao solo são igualmente importantes, pois são eles que permitem verificar a estabilidade da estaca. Para esses cálculos, apresentamos o método proposto por Broms.

Este autor estudou as estacas carregadas transversalmente pelo método da ruptura. Para tanto, estabeleceu mecanismos possíveis de ruptura (Figs. 4.23 e 4.24), admitindo que as estacas longas rompem pela formação de uma ou duas rótulas plásticas e as curtas, quando a resistência do solo é vencida.

Broms utiliza o conceito de coeficientes de segurança parciais:

Cargas permanentes C.S. = 1,5

Cargas acidentais C.S. = 2,0

Coesão do solo C d = 0,75 Su

Ângulo de atrito $\text{tg}\ \phi_d = 0{,}75\ \text{tg}\ \phi_d$

em que Su é o valor da coesão não drenada.

Na Fig. 4.24 a profundidade f é dada por:

a) Solos coesivos

$$f = \frac{H_R}{9\ S_u d}$$

b) Solos não coesivos

$$f = 0{,}82\ \sqrt{\frac{H_R}{\gamma . d . K_p}}$$

em que H_R = carga horizontal de ruptura.

a) Estaca curta, livre

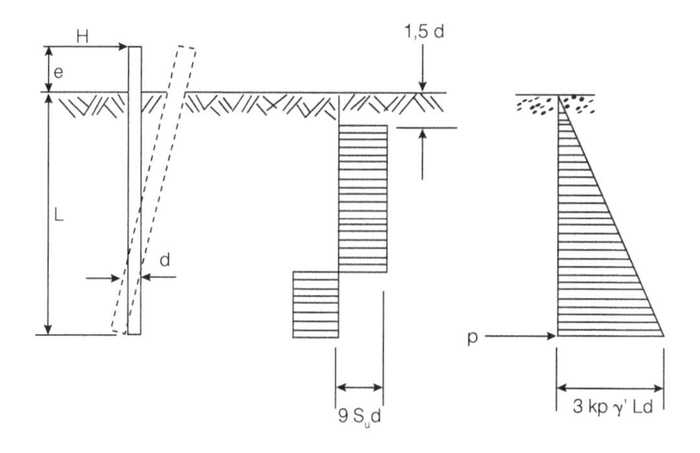

b) Estaca curta, engastada

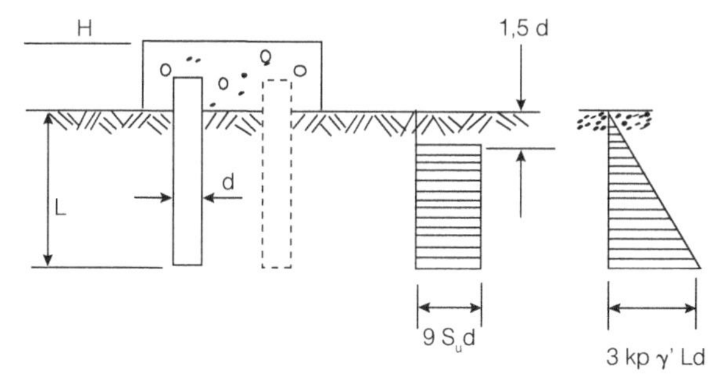

c) Estaca intermediária

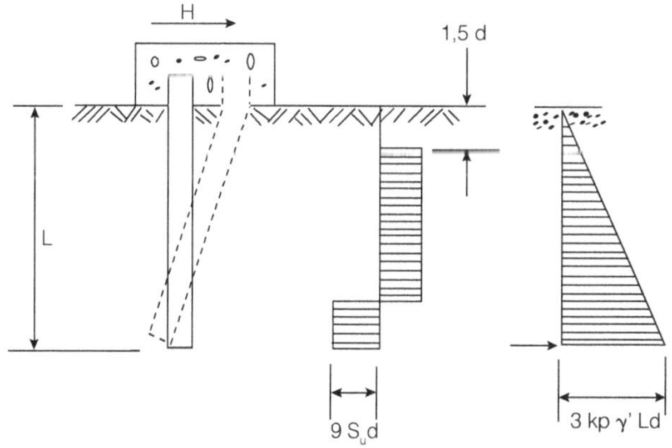

Figura 4.23 – Mecanismos de ruptura para estacas curtas e intermediárias.

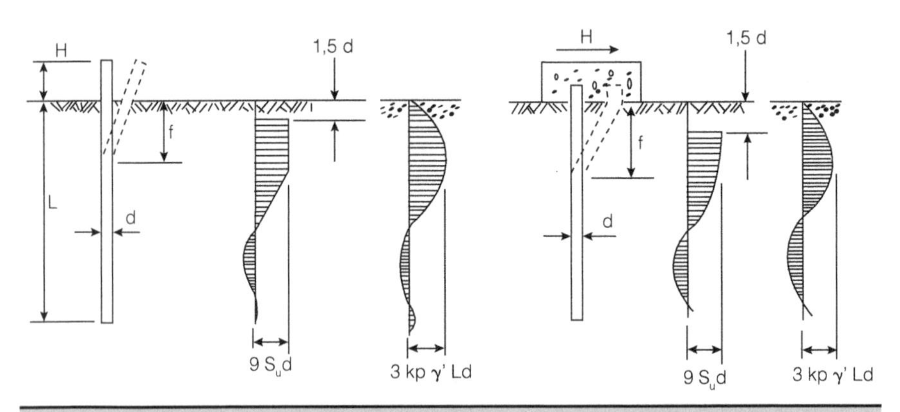

Figura 4.24 – Mecanismo de ruptura para estacas longas.

As cargas horizontais de ruptura são obtidas da Fig. 4.25A ou B para solos coesivos; e Fig. 4.26A ou B para solos não coesivos.

O procedimento para a utilização desses gráficos é o seguinte:

Figura 4.25 – Entra-se na Fig. 4.25A com a relação $\frac{M_R}{S_u d^3}$

em que: M_R é o momento de ruptura do material da estaca e obtém-se H_R.

Entra-se na Fig. 4.25B com a relação L/d e obtém-se H_R.

O valor a adotar para H_R será o menor desses dois valores.

Figura 4.26 – Proceder de maneira análoga ao da Fig. 4.25.

(Para aplicação, ver 6° Exercício.)

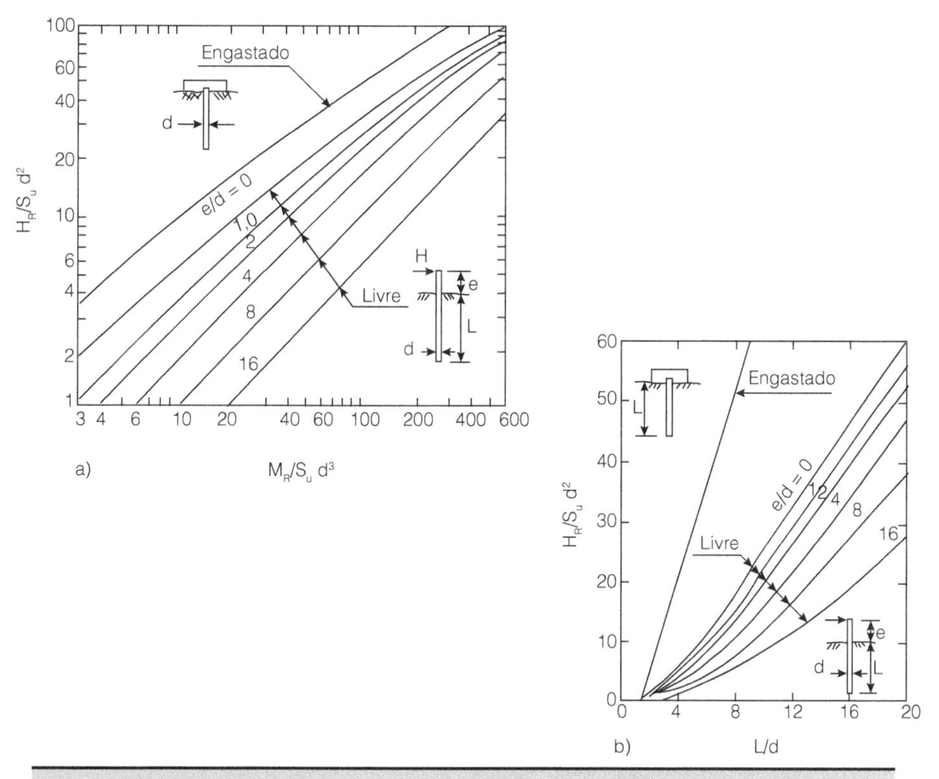

Figura 4.25 – Capacidade de carga lateral (solos coesivos).

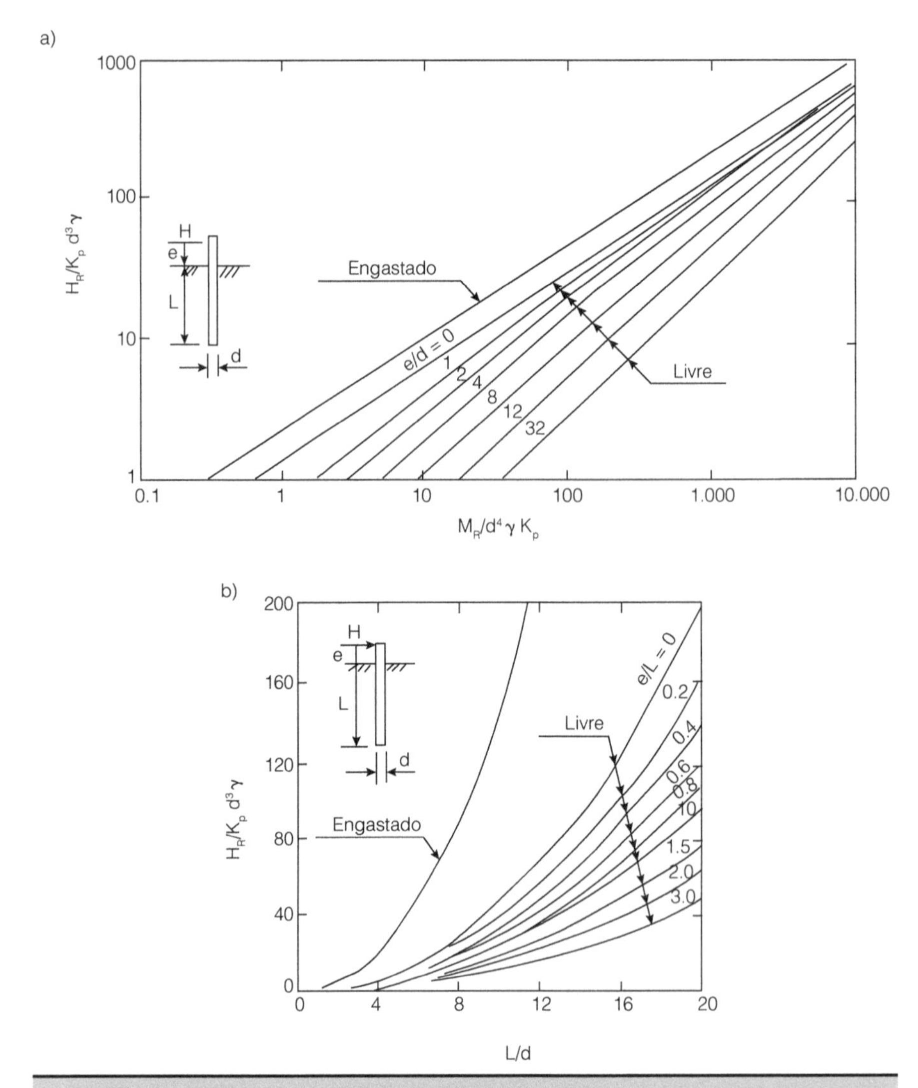

Figura 4.26 – Capacidade de carga lateral (solos não coesivos).

4.13 EXERCÍCIOS RESOLVIDOS

1º *Exercício:* Com base no método proposto por Miche, calcular o deslocamento do topo e o momento máximo de uma estaca circular de concreto com 50 cm de diâmetro e 18 m de comprimento sujeita a uma carga horizontal (ao nível do terreno) de 70 kN. Esta estaca está imersa num solo constituído por areia fofa submersa (será dispensado neste exercício o cálculo do coeficiente de segurança à ruptura).

Solução:

Como o solo é arenoso, pode-se escrever

$K = \eta_h \cdot z$ em que η_h = 1,5 MN/m³ foi extraído da Tab. 4.3.

$$T = \sqrt[5]{\frac{EI}{\eta_h}} = \sqrt[5]{\frac{21.000 \times 0,00307}{1,5}} = 2,12 \text{ m}$$

Como $\ell > 4T$, a estaca é longa e, portanto, pode-se aplicar o método de Miche

$$y_0 = \frac{2,4 \times 2,12^3 \times 70 \times 10^{-3}}{21.000 \times 0,00307} = 0,025 \text{ m ou } 2,5 \text{ cm}$$

$M_{máx.} = 0,79 \times 70 \times 2,12 \cong 117$ kN.m ocorrendo na profundidade
$z = 1,32 \times 2,12 = 2,80$ m

2º *Exercício*: Resolver o exercício anterior admitindo-se que o solo é constituído por argila média.

Solução:

Como o solo é constituído por argila média, o módulo de reação será admitido constante e, portanto, o método de Miche não mais se aplica. Adotaremos então o método de Hetenyi com k = 0,8 MPa extraído da Tab. 4.2

$$\lambda = \sqrt[4]{\frac{k}{4\ EI}} = \sqrt[4]{\frac{0,8}{4 \times 21.000 \times 0,00307}} = 0,236 \text{ m}^{-1}$$

$\lambda\ell = 0,236 \times 18 = 4,25 > 4 \therefore$ estaca longa

$$y_0 = \frac{2 \times 70 \times 10^{-3} \times 0,236}{0,8} = 0,04 \text{ m ou } 4 \text{ cm}$$

O momento máximo corresponderá ao B_λ, máximo, pois não existe momento aplicado à estaca (M = 0).

$M_{máx.} = 0,3224 \times 70/0,236 \cong 96$ kN.m ocorrendo na profundidade
$z = \pi/4\lambda = \pi/4 \cdot 0,236 = 3,33$ m

3º *Exercício*: Resolver o segundo exercício admitindo que, além da carga horizontal, também esteja aplicado ao topo da estaca um momento M = 10 kN.m

Solução:

$$y_0 = \frac{2 \times 70 \times 10^{-3} \times 0,236}{0,8} + \frac{2 \times 70 \times 10^{-3} \times 0,236^2}{0,8} = 0,043 \text{ m ou } 4,3 \text{ cm}$$

$M_{máx.} = 0,32 \times 70/0,236 + 0,7 \times 10 \cong 102$ kN.m que ocorre na profundidade
$z = 0,7/\lambda = 0,7/0,236 = 2,97$ m

4º *Exercício:* Calcular o deslocamento do topo da estaca indicada abaixo bem como o diagrama de momentos, para as hipóteses de o topo ser livre e ser engastado, com translação (dispensa-se o cálculo da segurança à ruptura):

Solução:

$$T - \sqrt[5]{\frac{EI}{\eta_h}} = \sqrt[5]{\frac{21.000 \times 0,00307}{3}} \cong 1,85 \text{ m}$$

$$4T = 7,4 < \ell \therefore \text{estaca longa}$$

1º *caso:* *T*opo livre

$H_0 = 100$ kN

$M_0 = 100 \times 1,5 = 150$ kN.m

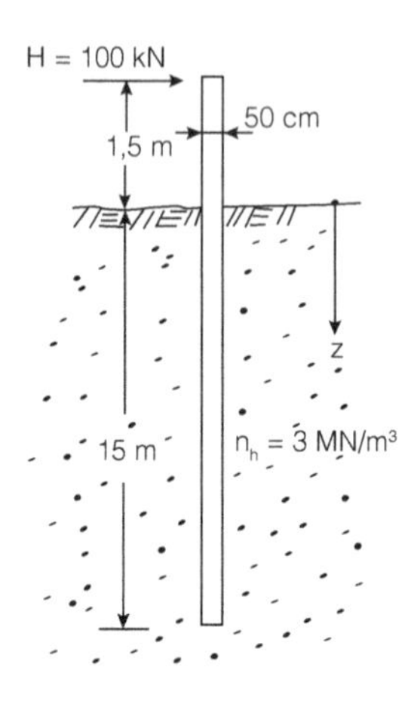

$$y_0 = \frac{100 \times 10^{-3}}{21.000 \times 0,00307}\left(2,435 \times 1,85^3 + 1,623 \times 1,5 \times 1,85^2\right) = 0,037 \text{ m}$$

$$y_1 = 0,037 + \frac{100 \times 10^{-3}}{21.000 \times 0,00307} \times$$

$$\times \left(1,623 \times 1,5 \times 1,85^2 + 1,75 \times 1,5^2 \times 1,85 + 1,5 \times 3/3\right) \therefore$$

$$y_1 = 0,063 \text{ m ou } 6,3 \text{ cm}$$

z / T	Am	Bm	M_z = 185 Am + 150 Bm
0	0	1	150 kN.m
0,2	0,198	0,999	186
0,4	0,379	0,987	218
0,6	0,532	0,960	242
1,0	0,727	0,852	262
2,0	0,628	0,404	177
4,0	0	– 0,042	– 6
5,0	0,033	– 0,026	2
Nota: no topo da estaca M = 0 kN.m			

2º *Caso*: Topo engastado com translação

$$M = \frac{1,623 \times 100 \times 1,85^2 + 1,75 \times 100 \times 1,5 \times 1,85 + 0,5 \times 100 \times 1,5^2}{1,75 \times 1,85 + 1,5}$$

$\therefore M \cong 236$ kN.m

$H_0 = 100$ kN

$M_0 = 100 \times 1,5 - 236 = -86$ kN.m

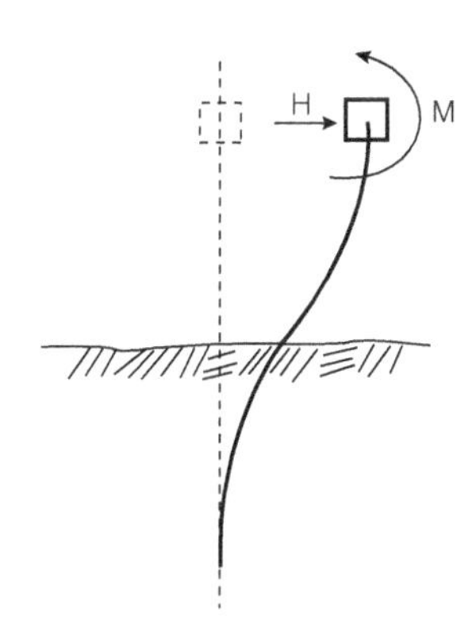

$$y_0 = \frac{1}{21.000 \times 0,00307}\left(2,435 \times 100 \times 10^{-3} \times 1,85^3 + 1,623 \times\right.$$

$$\left.\times 100 \times 10^{-3} \times 1,5 \times 1,85^2 - 1,623 \times 236 \times 10^{-3} \times 1,85^2\right)$$

$\therefore y_0 = 0,017$ m

$$y_1 = 0,017 + \frac{1}{21.000 \times 0,00307}\left(1,623 \times 100 \times 10^{-3} \times 1,5 \times 1,85^2 +\right.$$

$$+1,75\left(100 \times 10^{-3} \times 1,5^2 \times 1,85 - 236 \times 10^{-3} \times 1,5 \times 1,85\right) +$$

$$\left. + \frac{100 \times 10^{-3} \times 1,5^3}{3} - \frac{236 \times 10^{-3} \times 1,5^2}{2}\right)$$

$\therefore y_1 = 0,021$ m ou 2,1 cm

z/T	Am	Bm	M_z = 185 Am + 86 Bm
0	0	1	– 86 kN.m
0,2	0,198	0,999	– 49
0,4	0,379	0,987	– 15
0,6	0,532	0,960	16
1,0	0,727	0,852	61
2,0	0,628	0,404	81
4,0	0	– 0,042	4
5,0	0,033	– 0,026	8

5º *Exercício:* Calcular o diagrama de momentos e o deslocamento do topo do tubulão da figura abaixo utillizando o "método russo".

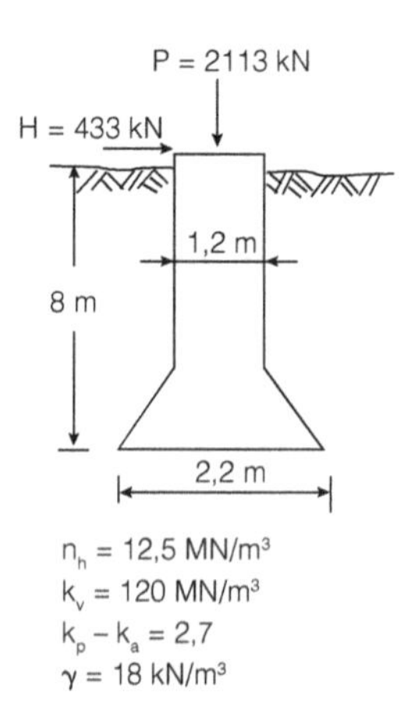

$$T = \sqrt[5]{\frac{EI}{\eta_h}} = \sqrt[5]{\frac{21.000 \times 0,102}{12,5}} = 2,8 \text{ m}$$

$$4T = 4 \times 2,8 = 11,2 \text{ m} \therefore \ell < 4T$$

$$k\ell = 12,5 \times \frac{8}{1,2} = 83,3 \text{ MN / m}^3$$

$$\alpha = \frac{2 \times 433 \times 10^{-3} \times 8}{\frac{1}{12} \times 83,3 \times 1,2 \times 8^3 + \frac{3}{16} \times 120 \times 3,8 \times 2,2^2} = 0,00148 \text{ rd}$$

$$\sigma_{a,b} = \frac{2.133 \times 10^{-3}}{3,8} \pm \frac{120 \times 2,2}{2} \times 0,00148 \therefore$$

$$\sigma_{\text{máx.}} = 0,8 \text{ MPa}$$

$$\sigma_{\text{mín.}} = 0,4 \text{ MPa}$$

$$\Delta y = \frac{2 \times 433 \times 10^{-3}}{83,3 \times 8 \times 1,2} + \frac{2}{3} \times 8 \times 0,00148 = 0,00898 \text{ m ou } 8,98 \text{ mm}$$

$$\Delta y = \frac{2.133}{120 \times 3,8} = 0,00463 \text{ m ou } 4,63 \text{ mm}$$

$$\sigma'_A = 83,3\,(8 \times 0,00148 - 0,00898) = 0,24 \text{ MPa}$$

$$\gamma\;\ell\left(K_p - k_a\right) = 18 \times 8 \times 2,7 \times 10^{-3} = 0,39 \text{ MPa} > \sigma'_A$$

$$\sigma_z\text{máx.} = -\frac{83,3 \times 0,00898^2}{4 \times 0,00148 \times 8} = 0,14 \text{ MPa}$$

$$z_0 = \frac{0,0098}{0,00148} \cong 7 \text{ m}$$

Tensão ao longo do eixo do fuste

$$p = \sigma_z.D = \frac{k_\ell}{\ell} \cdot D \cdot z(\alpha.z - \Delta y)$$

Ponto de cortante nulo (onde ocorre $M_{máx.}$)

$$\int_0^z p.dz = -H \therefore$$

$$\frac{k_\ell}{\ell} \cdot D\left[\alpha \int_0^z z^2 dz - \Delta y \int_0^z z\, dz\right] = -H \therefore$$

$$\frac{k_\ell \cdot D}{6\ell}\left[2.\alpha.z^3 - 3\Delta y.z^2\right] = -H \therefore$$

$$\frac{83,3 \times 1,2}{6 \times 8}\left[2 \times 0,00148\ z^3 - 3 \times 0,00898\ z^2\right] = -433 \times 10^{-3}$$

$$0,0062\ z^3 - 0,0612\ z^2 = -0,433$$

A equação de terceiro grau acima é resolvida por tentativas, impondo valores a z até que o primeiro termo da expressão se aproxime de – 0,433.

$$\left.\begin{matrix} z = 3 \rightarrow -0,383 \\ z = 3,5 \rightarrow -0,484 \end{matrix}\right] z = 3,3 \rightarrow -0,444$$

Solução:

$z \cong 3,3$ m (profundidade onde ocorre o momento máximo).

Diagrama de momentos:

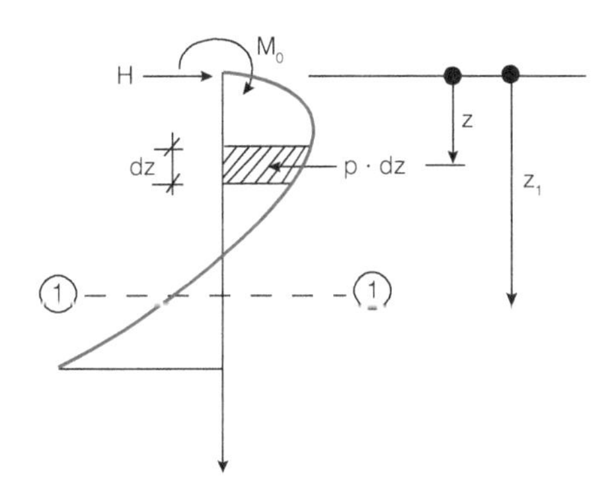

O momento numa seção 1 – 1 genérica será dado pela soma de das parcelas:

a) momento devido a H e M_0

$$M^a_{(1)} = M_0 + H.z_1$$

b) momento devido a p

$$M^{a}_{(1)} = \int_0^{z1} p.dz\,(z_1 - z) \therefore$$
$$M^{b}_{(1)} = z_1 \int_0^{z1} p dz - \int_0^{z1} p.z\; dz$$

como $p = \frac{k_\ell}{\ell} \cdot D \cdot z\,(\alpha.z - \Delta y)$

então $M^{b}_{(1)} = \frac{k_\ell}{12.\ell} \cdot D\left(\alpha.z_1^4 - 2.\Delta y.z_1^3\right)$

e assim a expressão geral do momento será

$$M = M^{a}_{(1)} + M^{b}_{(1)} \therefore$$
$$M = M_0 + H.z_1 + \frac{k\ell}{12.\ell} \cdot D\left(\alpha z_1^4 - 2\Delta y.z_1^3\right)$$

Para o nosso exemplo, tem-se

$$M = 0{,}433\; z_1 + \frac{83{,}3}{12 \times 8} \times 1{,}2\left(0{,}00148\; z_1^4 - 2 \times 0{,}00898\; z_1^3\right)$$
$$M = 0{,}433\; z_1 - 0{,}0187\; z_1^3 + 0{,}00154\; z_1^4$$

z_1 (m)	M (MN m)
0	0
1	0,416
2	0,741
3	0,919
3,3	0,943
4	0,929
6	0,555
8	0,197

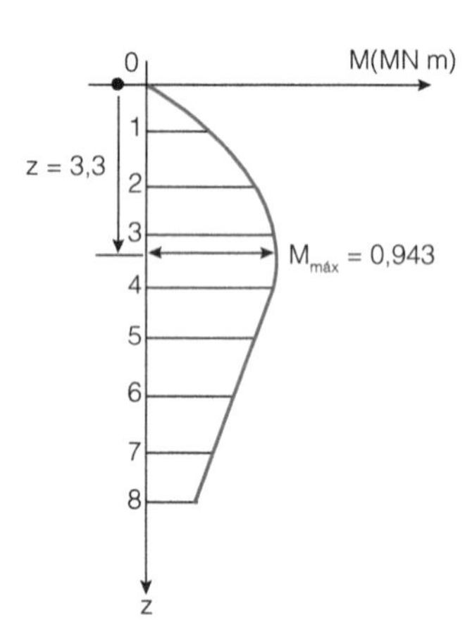

6º *Exercício:* Calcular a carga horizontal máxima que pode ser aplicada a uma estaca de concreto com 50 cm de diâmetro e 12 m de comprimento imersa num solo de coesão Su = 67 kPa e armada para resistir a um momento máximo de 120 kN.m

Solução:

Adotando-se para o momento de ruptura estrutural da estaca o dobro do valor para o qual ela está dimensionada, tem-se

$M_R = 2 \times 120 = 240$ kN.m

$c_d = 0{,}75 \times 67 \cong 50$ kN/m²

$$\text{Figura 4.25a} \begin{cases} \dfrac{M_R}{c_d \cdot d^3} = \dfrac{240}{50 \times 0{,}5^3} \cong 38 \\ \dfrac{e}{d} = 0 \end{cases} \dfrac{H_R}{c_d \cdot d^2} = 15$$

$$\text{Figura 4.25b} \begin{cases} \dfrac{L}{d} = \dfrac{12}{0{,}5} = 24 \\ \dfrac{e}{d} = 0 \end{cases} \dfrac{H_R}{c_d \cdot d^2} > 60$$

Conclusão:

Prevalece o valor obtido pelo gráfico 4.25a

$$\frac{H_R}{c_d \cdot d^2} = 15 \therefore H_R = 15 \times 50 \times 0{,}5^2 \cong 188 \text{ kN}$$

Adotando-se um coeficiente de segurança 2, a carga horizontal máxima que poderá ser aplicada a estaca será:

$$H = H_R/2 = 94 \text{ kN}$$

4.14 REFERÊNCIAS

[1] Alonso, U. R. *Recomendações para Realização de Provas de Carga Horizontal em Estacas de Concreto Armado.* VIII CBMSEF. Porto Alegre, 1986.

[2] Alizadeh, M. & Davisson, M. T. *Lateral Load Tests on Piles, Arkansas River Project.* Journal of S.M. and Foundation Division, ASCE, vol. 96, n. SMS, 1979.

[3] Botelho, H. C. Fundações de Pontes em Tubulões a Ar Comprimido com Base Alargada. *Revista Solos e Rochas*, dezembro, 1986.

[4] Broms, B. B. *Lateral Resistance of Piles in Cohesive Soils.* Journal of S.M. and Foundation Division ASCE, março 1964.

[5] Broms, B. B. *Lateral Resistance of Piles in Cohesionless Soils.* Journal of S.M. and Foundation Division, ASCE, maio, 1964.

[6] Broms, B. B. *Design of Lateral Loaded Piles.* Journal of S.M. and Foundation Division, ASCE, maio, 1965.

[7] Broms, B. B. *Stability of Flexible Structures.* 5th European Conference on SMFE, Madrid, 1972.

[8] Barbosa da Silva, O. *Análise Matricial de Estacas Carregadas Lateralmente.* V CBMSEF, São Paulo, 1974.

[9] Cintra, J. C. A. & Albiero, J. H. *Determinação do Coeficiente de Reação Horizontal do Solo* (η_h) *através de Prova de Carga Lateral em Estacas.* Vil CBMSEF, Olinda, 1982.

[10] Davisson, M. T. *Estimating Buckling Loads for Piles.* 2° PCSMFE, São Paulo, 1963.

[11] Davisson, M. T. & Robinson, K. E. *Bending and Buckling of Partially Embebed Piles.* 6th ICSMFE, Canadá, 1965.

[12] De Beer E. *Piles Subjected to Static Lateral Loads.* IX ICSMFE, Tokio, 1977.

[13] Duo, A. & Velloso, D. A. *O Emprego de Estacas na Estabilização de Taludes.* VII CBMSEF, Olinda, 1982.

[14] *Fanton, J. C. Correlação entre as Tensões Resultantes de Ensaios Triaxiais e de Provas de Carga Horizontal em Estacas.* VII CBMSEF, Olinda, 1982.

[15] Betenyi, M. *Beams on Elastic Foundation.* University Michigan Press.

[16] Miche, R. J. *Investigation of Piles Subject to Horizontal Forces.* Journal of the School of Engineering, n. Giza, Egypt, 1930.

[17] Matlock, H. & Reese, L. C. *Non Dimensional Solutions for Laterally Loaded Piles with Soil Modulus Assumed Proportional to Depth.* 8th. Texas Conf. on SMFE, 1956.

[18] Matlock, H. & Reese, L. C. *Generalized Solutions for Laterally Loaded Piles.* Journal of SMF Division, outubro, 1960.

[19] Matlock, H. & Reese, L. C. *Foundation Analysis of Offshore Pile Supported Structures.* 5th. ICSMFE, Paris, 1961.

[20] Reese, L. C. & Cox, W. R. *Soil Behavior from Analysis of Tests of Instrumented Piles under Lateral Loading.* Performance of Deep Foundations, ASTM, Publication 444.

[21] Reese, L. C.; Cox, W. R. & Koope, F. D. *Analysis of Laterally Piles in San.* Offshore Technology Conference, Texas, 1974.

[22] Remy, J. O.; Marlano, J. S. V.; Mariano, C. C. & Cerejeira, I. M. C. Determinação do Módulo Horizontal a Partir de Prova de Carga Horizontal em Tubulões de 1,80 m e Sua Aplicação no Projeto dos Piers do Porto de Sepetiba. *Revista Solos e Rochas*, agosto, 1979.

[23] Ratton, E. Dimensionamento de Estacas Carregadas Lateralmente em Profundidade. *Revista Solos e Rochas*, abril, 1985.

[24] Rocha Filho P & V. C. Leão Ramos "Análise de Estacas Solicitadas Horizontalmente no Topo Utilizando Microcomputadores" – MICROGEO 88 – S.P. 23 a 26 out. 88.

[25] Sherif, G. *Elastically Fixed Structures.* Verlag Von Wilheim.

[26] Sussumo, N.; Zachis. E.; Yassuda, A. J.; Massad, E. & Gno, E. H. *Provas de Carga em Estacas Tipo Franki.* VI CBMSEF, Rio de Janeiro, 1978.

[27] Terzaghi, K. *Evaluation of Coeficients of Subgrade Reation. Geotechinique*, vol. 5, n. 4, 1955.

[28] Timerman, I. Cálculo de Tubulões Curtos. *Revista Estrutura*, março 1980.

[29] Velloso D. A. & Kaminski. S. Fundações da Nova Ponte sobre o Canal de São Gonçalo. *Revista Solos e Rochas*, agosto, 1979.

[30] Velloso, D. A. *Fundações Profundas.* IME, Rio de Janeiro, 1973.

[31] Vieira da Cunha E. P. & Waldemar Hachich. "Esforços Horizontais em Estacas: Aproximações pelo MEF" – MICROGEO 88 – S.P. 23 a 26 out. 88.

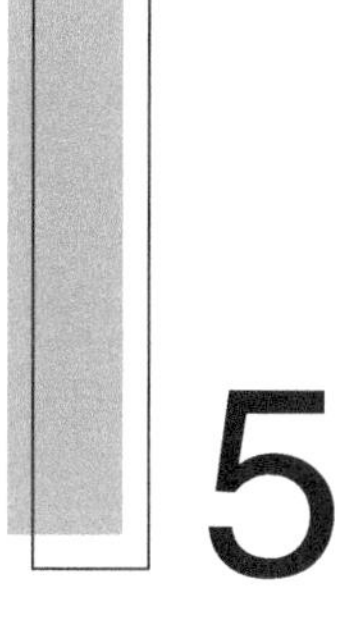

5 ESTACAS CARREGADAS TRANSVERSALMENTE EM PROFUNDIDADE

5.1 GENERALIDADES

Neste capítulo são apresentados alguns métodos que permitem estimar os esforços transversais em profundidade atuantes em estacas verticais que atravessam camadas de solo compressíveis, quando se aplica ao mesmo um carregamento unilateral de compressão decorrente de um aterro ou de uma escavação.

Juntamente com o atrito negativo (Cap. 6), esses esforços não constam dos desenhos de cargas fornecidos pelo projetista estrutural e ocorrem mesmo quando se tem um coeficiente de segurança satisfatório contra a ruptura da camada compressível, ou seja, mesmo quando $q < q_{\text{crit}}$, em que $q_{crit} \cong 5{,}5\ c$ é a sobrecarga crítica que provoca a ruptura da camada compressível (c é a coesão não drenada dessa camada).

O valor da tensão horizontal p_h que atua nas estacas bem como sua distribuição são funções, entre outros, dos seguintes fatores:

- Características da camada compressível.
- Grandeza da carga unilateral.
- Rigidez relativa entre o solo e a estaca.
- Geometria do estaqueamento e condições de contorno.
- Posição relativa entre a estaca e a sobrecarga.
- Tempo a partir da instalação das estacas.

Por essas razões, a avaliação dessas tensões horizontais ainda é um problema não totalmente resolvido, tendo sido propostos vários métodos, entre os quais podem ser citados:

- *Métodos empíricos,* cujas fórmulas, decorrentes de carregamentos impostos, foram obtidas a partir da teoria dos empuxos, adaptando-se coeficientes determinados experimentalmente. Entre esses métodos destacam-se os de Tschebotarioff e de De Beer-Wallays.

- *Métodos de análise elastoplástica,* cujas fórmulas se baseiam na teoria da elasticidade e da plasticidade. Entre esses destacamos os de Poulos, baseado em deformações impostas (uma das críticas que se fazem a este método), e os de Oteo e Ratton.

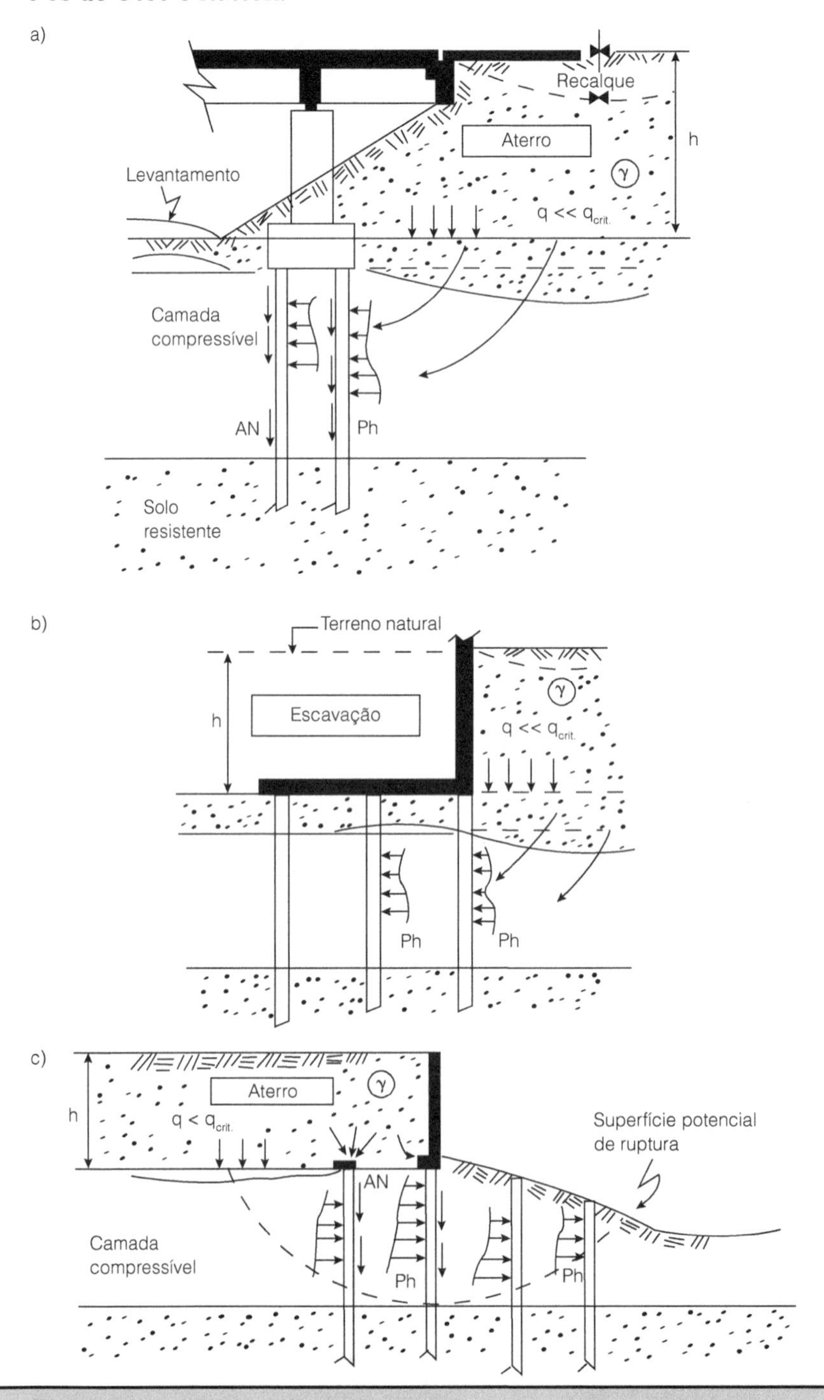

Figura 5.1 – Estacas carregadas transversalmente em profundidade.

Conhecidos os esforços atuantes nas estacas (devido à superestrutura e ao solo), parte-se para o dimensionamento estrutural das mesmas, como se expôs no Cap. 1, verificando-se também o nível de deformações que venham a ocorrer e suas consequências à superestrutura (interação solo-estrutura).

5.2 MÉTODOS PARA SE ESTIMAR A TENSÃO HORIZONTAL

5.2.1 Método de Tschebotarioff

Este autor recomenda a utilização de um diagrama triangular de tensões agindo na estaca, no lado da sobrecarga, cujo valor à meia-altura da camada compressível é dado por

$$ph = 0{,}4\ \Delta\ \sigma_z$$

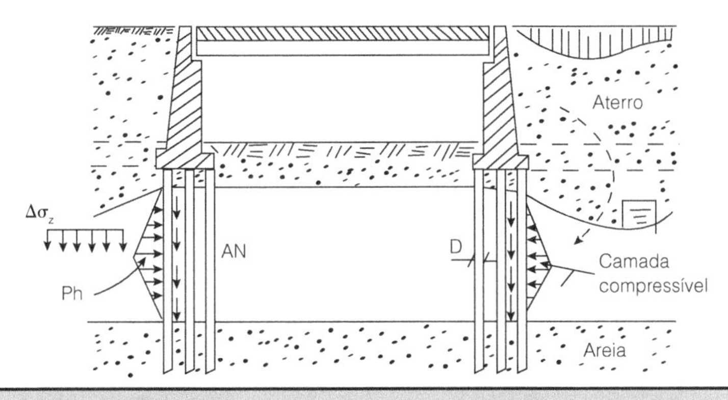

Figura 5.2 – Tensões horizontais segundo Tschebolarioff.

Como se verá mais adiante, o método de Tschebotarioff só se aplica ao caso de estacas "rígidas". Além disso, não leva em conta o espaçamento entre as estacas nem a redução da tensão horizontal nas estacas que estão mais afastadas do aterro (efeito de sombra das estacas da primeira linha sobre as demais).

Uma outra deficiência do método é a consideração de que os esforços nas estacas são diretamente proporcionais à espessura da camada compressível e, portanto, tendem a ser exagerados a partir de uma certa profundidade, quando a camada compressível for muito espessa.

Para o cálculo dos momentos atuantes nas estacas, podem-se distinguir duas condições de apoio:

a) Estaca engastada no bloco e rotulada na interface da camada resistente inferior com a camada compressível, conforme a Fig. 5.3a (desprezando-se a reação do solo contra a estaca).

$$M_B = \frac{p_h.D.d^2}{256\ \ell^2}(32\ \ell - 9d)$$

$$M_m = \frac{p_h.D.d^2}{8}\left(1{,}67 - \frac{3d}{2\ \ell} + \frac{9d^3}{64\ \ell^3}\right)$$

D = diâmetro da estaca

d = espessura da camada compressível

ℓ = ver Fig. 5.3

b) Estaca birrotulada no bloco e no término da camada compressível, como indica a Fig. 5.3b (desprezando-se a reação do solo superior contra a estaca).

$$M_m = \frac{p_h.D.d^2}{8}(1{,}67 - d / \ell)$$

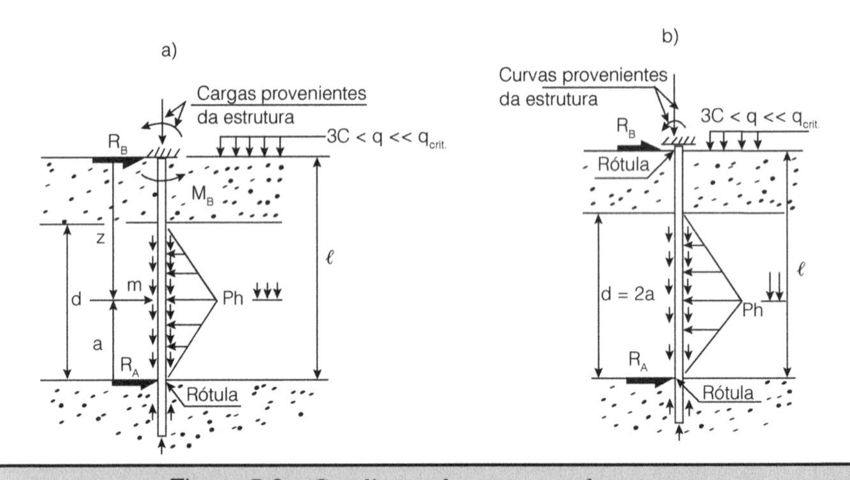

Figura 5.3 – Condições de contorno da estaca.

5.2.2 Método de De Beer-Wallavs

Segundo esses autores, para aplicação das expressões a seguir apresentadas, deve-se ter um coeficiente de segurança em relação à sobrecarga crítica superior a 1,4, desprezando-se a presença das estacas.

A tensão horizontal atuante na primeira linha de estacas (a mais próxima do aterro) é obtida por:

$$P_h = f \cdot q$$

em que

$$f = \frac{\alpha - \varphi/2}{\pi/2 - \varphi/2}$$

$q = \gamma h$ é a tensão aplicada pelo aterro

α é o ângulo do talude fictício obtido conforme se mostra nas Figs. 5.4a, b, c

$$h_1 = h \frac{\gamma}{18\ \text{kN/m}^3}$$

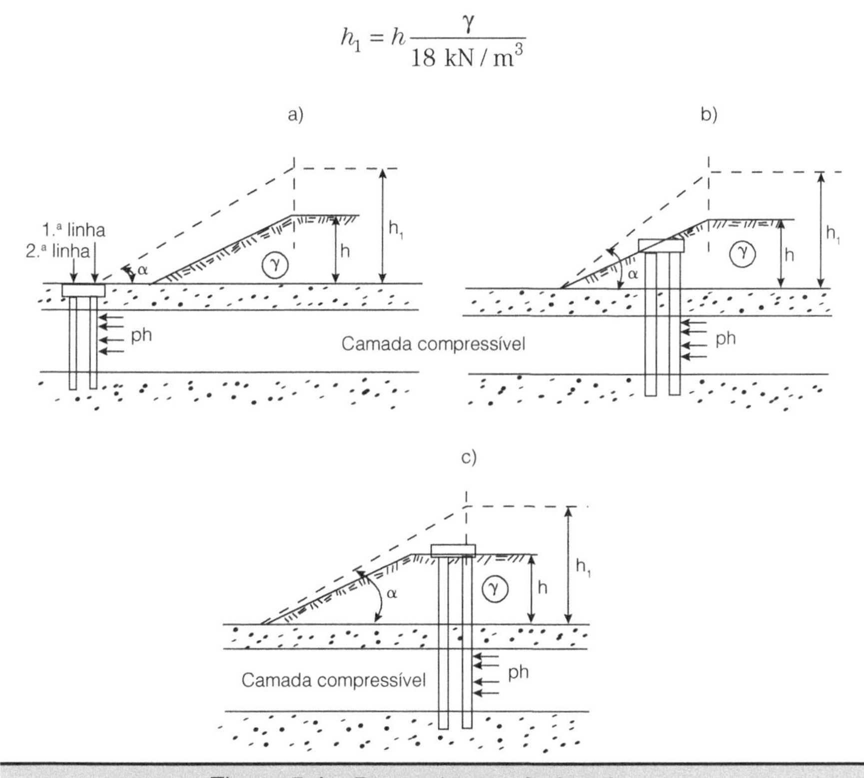

Figura 5.4 – Determinação do ângulo α.

Pelas expressões acima, verifica-se que, para $\alpha = 90^o$, tem-se $p_h = q$ e, para $\alpha \geq \varphi/2$, tem-se $p_h = 0$, ou seja, a sobrecarga devida ao aterro não impõe esforço horizontal às estacas.

Para se estimar os momentos fletores na estaca, admite-se que a mesma seja birrotulada, como indica a Fig. 5.5 ou a Fig. 5.6 (quando a camada compressível for muito espessa).

Para o caso de camadas compressíveis espessas, os autores limitam a profundidade de atuação de ph àquela em que a tensão efetiva do solo (antes do lançamento do aterro) seja igual à sobrecarga q, como indica a Fig. 5.6. Além do mais, deve-se desconsiderar a estaca abaixo da profundidade 5.z d, quando esta profundidade ainda se situar dentro da camada compressível (para o cálculo dos momentos).

(Para aplicação, ver 1º Exercício.)

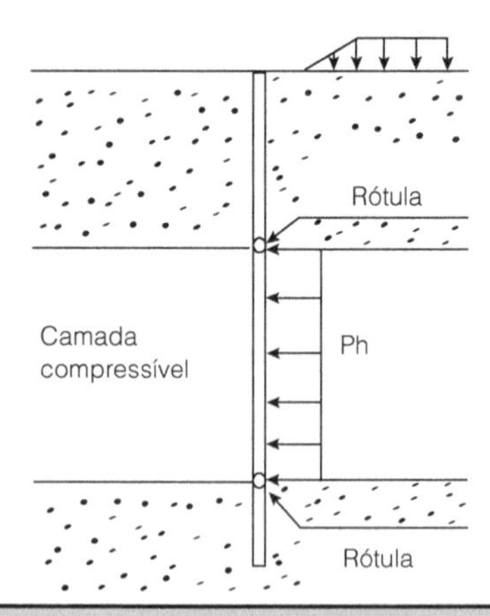

Figura 5.5 – Condições de apoio em camadas compressíveis pouco espessas.

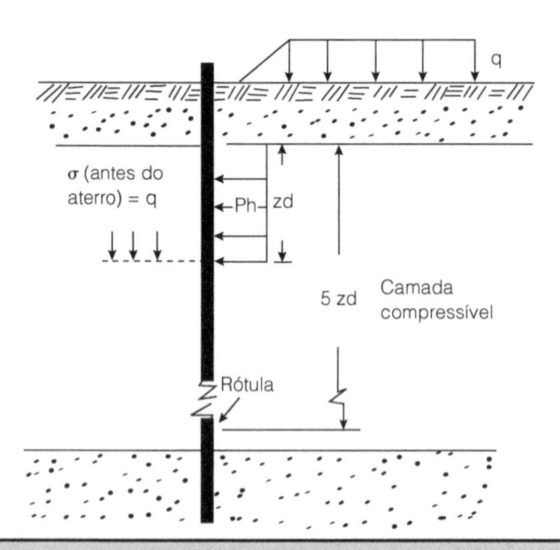

Figura 5.6 – Considerações para camadas compressíveis espessas.

Em 1977, Wallays fez uma série de considerações sobre o trabalho conjunto do bloco e das estacas, definindo duas regiões (Fig. 5.7), a saber:

- Região em "repouso": As estacas e a face do bloco se opõem ao deslocamento provocado pelo aterro. Nas estacas desta região não atuam tensões horizontais devidas ao aterro, mas, sim, tensões de reação contrárias à ação do aterro.
- Região em "deslocamento": Tanto nas estacas como na face do bloco atuam tensões horizontais decorrentes da ação do aterro.

O plano que separa as duas regiões passa pela interseção das retas que definem a superfície horizontal do terreno, antes do lançamento do aterro, e aquela inclinada de $\alpha = \varphi/2$ com a horizontal, traçada a partir do topo do aterro fictício, obtido de maneira análoga à indicada na Fig. 5.4a.

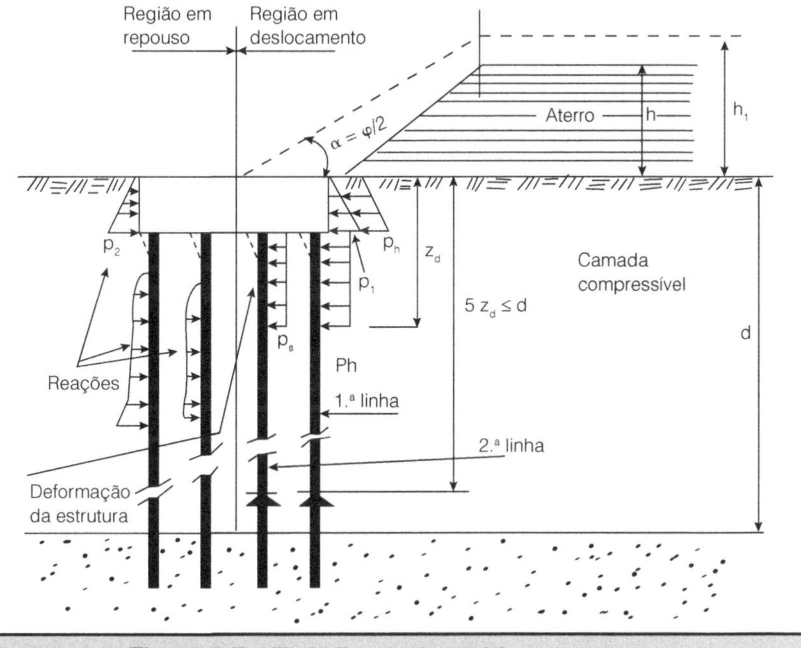

Figura 5.7 – Trabalho conjunto bloco + estacas.

A tensão horizontal p_s atuante na segunda linha de estacas é inferior à tensão p_h que atua na primeira linha devido ao "efeito de sombra". Seu cálculo é feito como indica a Fig. 5.8.

A tensão p_1 corresponde à tensão do solo sobre o bloco no estado de repouso e a tensão p_2 corresponde à tensão passiva do solo contra o bloco.

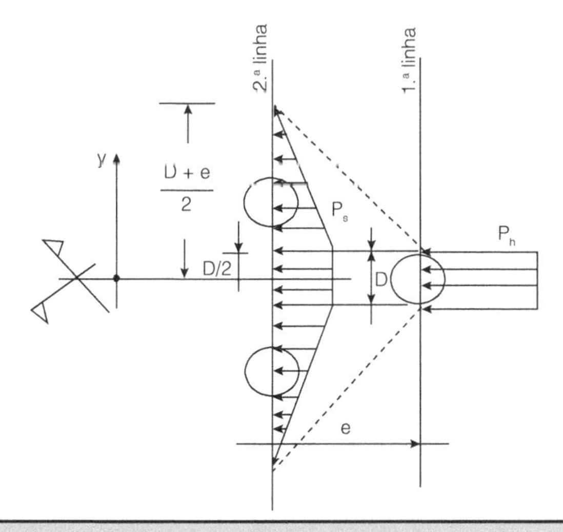

Figura 5.8 – Efeito de sombra.

$$0 \le y \le D/2 \rightarrow \quad p_s = p_{s(\text{máx.})} = \frac{1}{1+\dfrac{e}{2D}}\, p_h$$

$$\frac{D}{2} \le y \le \frac{D+e}{2} \rightarrow \quad p_s = p_{s(\text{máx.})}\left(1-\frac{y-D/2}{e/2}\right)$$

$$y > \frac{D+e}{2} \rightarrow \quad p_s = 0$$

5.2.3 Método de Oteo

Este autor analisou vários resultados publicados na literatura técnica sobre o assunto e apresentou uma série de gráficos que tornam prática a obtenção do momento máximo atuante nas estacas.

A Fig. 5.9 pode ser utilizada para se estimar os deslocamentos horizontais ρ que ocorrem na camada compressível de espessura *d* devido à ação de um aterro com largura 2*b*.

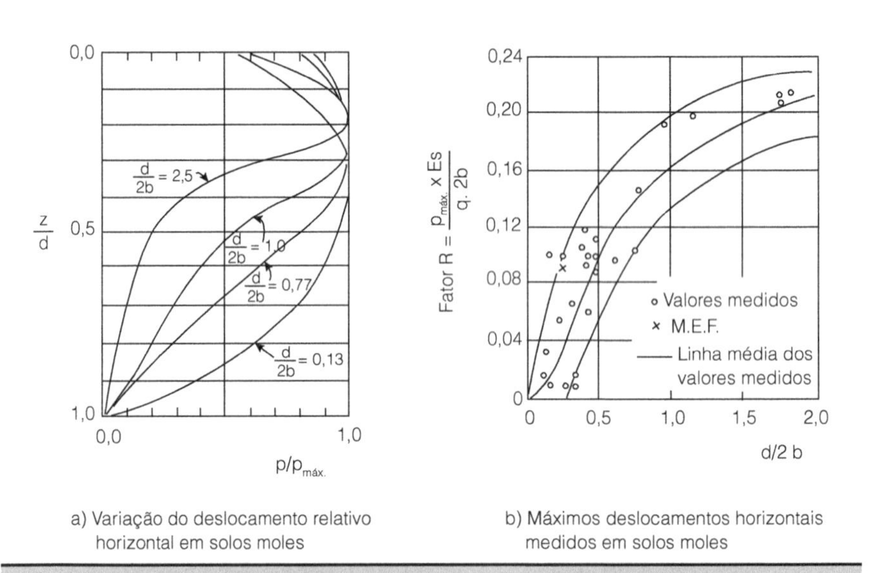

Figura 5.9 – Deslocamentos do solo compressível sujeito a uma sobrecarga unilateral.

O momento máximo atuante nas estacas é obtido a partir da Fig. 5.10. Nesta figura, $L_e = \sqrt[4]{\frac{EI}{G_s}}$; $f \cong 0{,}6$ conforme Figura 5.10, e $G_S = E_S/2(1 + \partial)$ é o módulo cizalhante do solo.

Com base na Fig. 5.10, podem-se distinguir dois casos de estacas: as rígidas (d/Le ≤ 4 a 5) e as flexíveis (d/Le > 5).

Nas estacas rígidas, o momento fletor máximo aumenta com o aumento da espessura da camada compressível, ao contrário das estacas flexíveis, onde esse momento diminui à medida que aumenta a espessura da camada compressível, pois, neste caso, a grande flexibilidade da estaca permite "acompanhar" as deformações do solo e, consequentemente, diminuir as tensões sobre si.

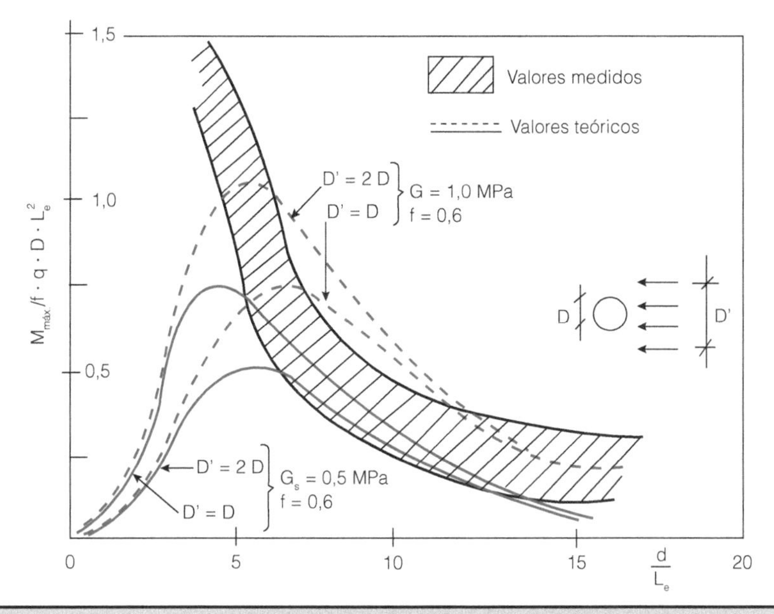

Figura 5.10 – Momento máximo atuante nas estacas.

Segundo Oteo, é importante distinguir esses dois tipos de estacas, uma vez que não devem ser usados para as estacas rígidas métodos de cálculo em que haja interação solo-estaca.

Ainda com base na Fig. 5.10, verifica-se que, ao se adotar sobre a estaca uma faixa carregada com largura D' = 2D em vez de D' = D, não implica dobrar o momento máximo atuante na estaca, como seríamos levados a concluir, se usássemos métodos baseados apenas em tensões impostas (método de Tschebotarioff ou De Beer e Wallays). Na realidade, ao se usar D' = 2D em vez de D' = D, o momento aumenta cerca de 50% nas estacas flexíveis. Por esta razão, Oteo aconselha a utilizar a curva correspondente a D' = 2D.

5.2.4 Método de Ratton

Este autor aplicou o método dos elementos finitos a um modelo tridimensional composto por três camadas de deformabilidades diferentes, atravessadas por estacas, como mostra a Fig. 5.11.

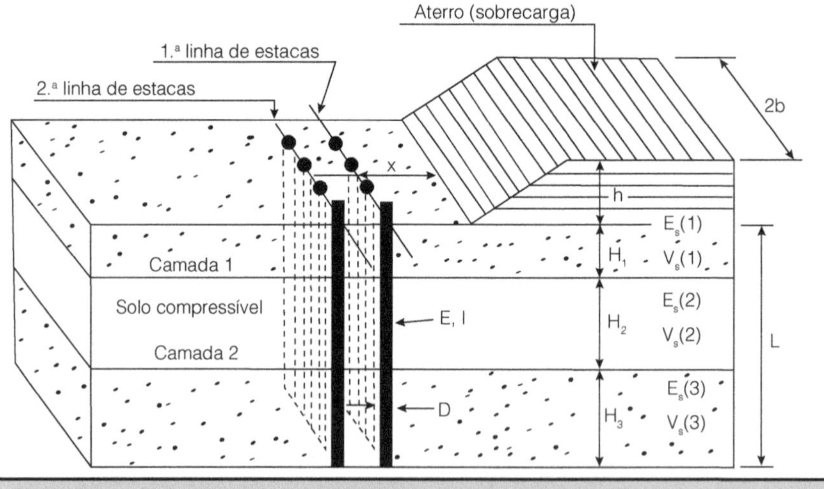

Figura 5.11 – Modelo estudado por Ratton.

Os resultados obtidos são apresentados sob a forma de gráficos, nos quais se usam os seguintes parâmetros:

a) Comprimento elástico do sistema

$$\ell_* = \frac{\Sigma\, \ell_{*i}\, H_i}{\Sigma\, H_i}$$

b) Comprimento elástico da estaca na camada i

$$\ell_{*i} = \sqrt{\frac{4\ EI}{E_{s(i)}}}$$

c) Rigidez relativa solo-estaca

$$\frac{H}{\ell_*} = \frac{H_1}{\ell_{*1}} + \frac{H_2}{\ell_{*2}} - \frac{H_3}{\ell_{*3}} = \sum_1^3 \frac{H_i}{\ell_{*i}}$$

As Figs. 5.12 e 5.13 mostram a variação dos deslocamentos relativos $\rho/\rho_{máx.}$ para as estacas da primeira linha (estacas 1) e da segunda linha (estacas 2), respectivamente para as espessuras relativas da camada compressível H_2/L = 0,57 e 0,4.

Com base nessas figuras, pode-se concluir que:

a) Para um grupo de estacas em que o afastamento relativo e/D é o mesmo, os deslocamentos das mesmas são função da rigidez relativa solo-estaca.

b) Para estacas de maior diâmetro D ≥ 100 cm, os deslocamentos máximos se produzem na superfície e não em profundidade.

c) Para estacas de menor diâmetro (D < 100 cm), os níveis onde os deslocamentos máximos se desenvolvem são cada vez mais profundos, tendo como limite a posição definida pelo centro da camada compressível.

d) Os deslocamentos máximos se desenvolvem em profundidades maiores nas estacas da primeira linha que nas da segunda.

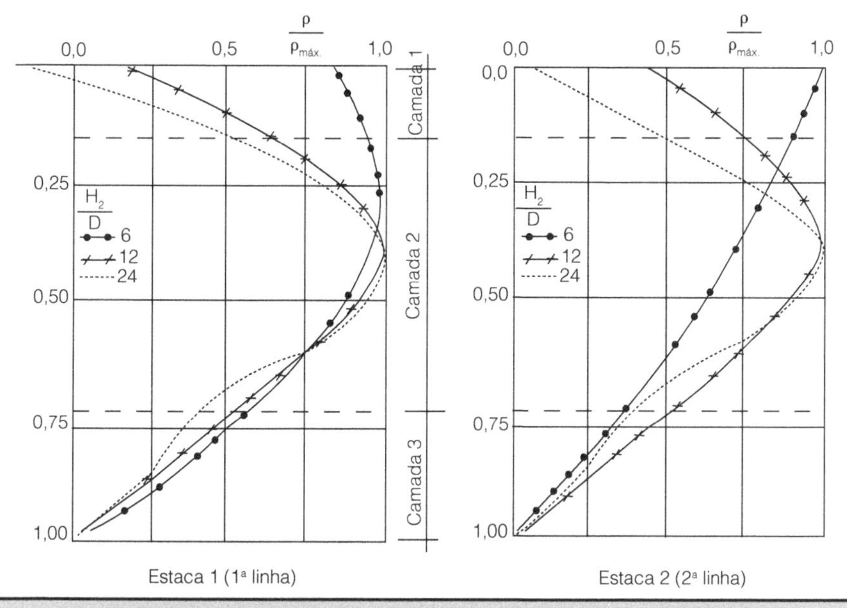

Figura 5.12 – Deslocamento relativo das estacas ($H_2/L = 0{,}57$).

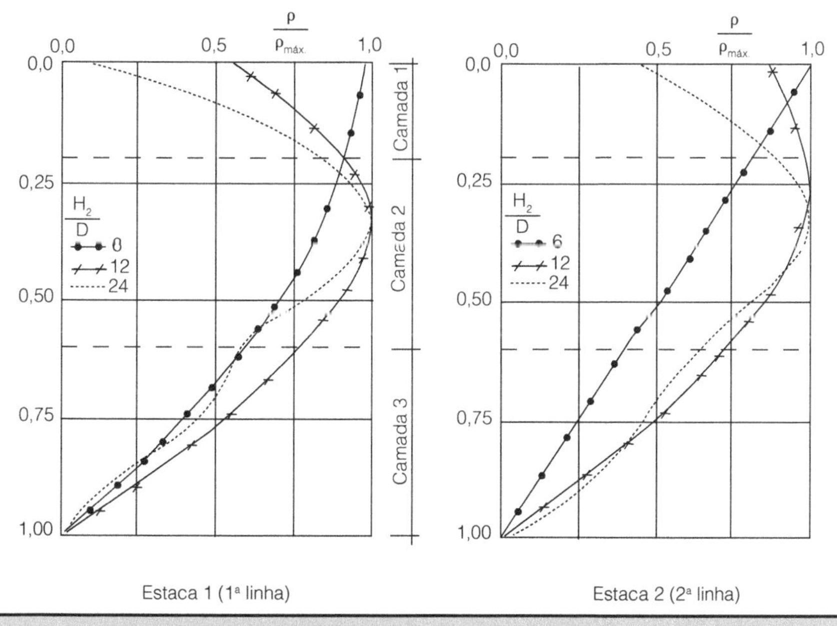

Figura 5.13 – Deslocamento relativo das estacas ($H^4/L = 0{,}40$).

Na Fig. 5.14 comparam-se os deslocamentos observados para diferentes valores de rigidez. Desta figura, pode-se concluir:

a) A presença das estacas reduz o deslocamento do solo em todos os pontos na vizinhança das estacas.

b) Quando se aumenta a rigidez das estacas, os deslocamentos diminuem na camada compressível, mas aumentam nas camadas resistentes.

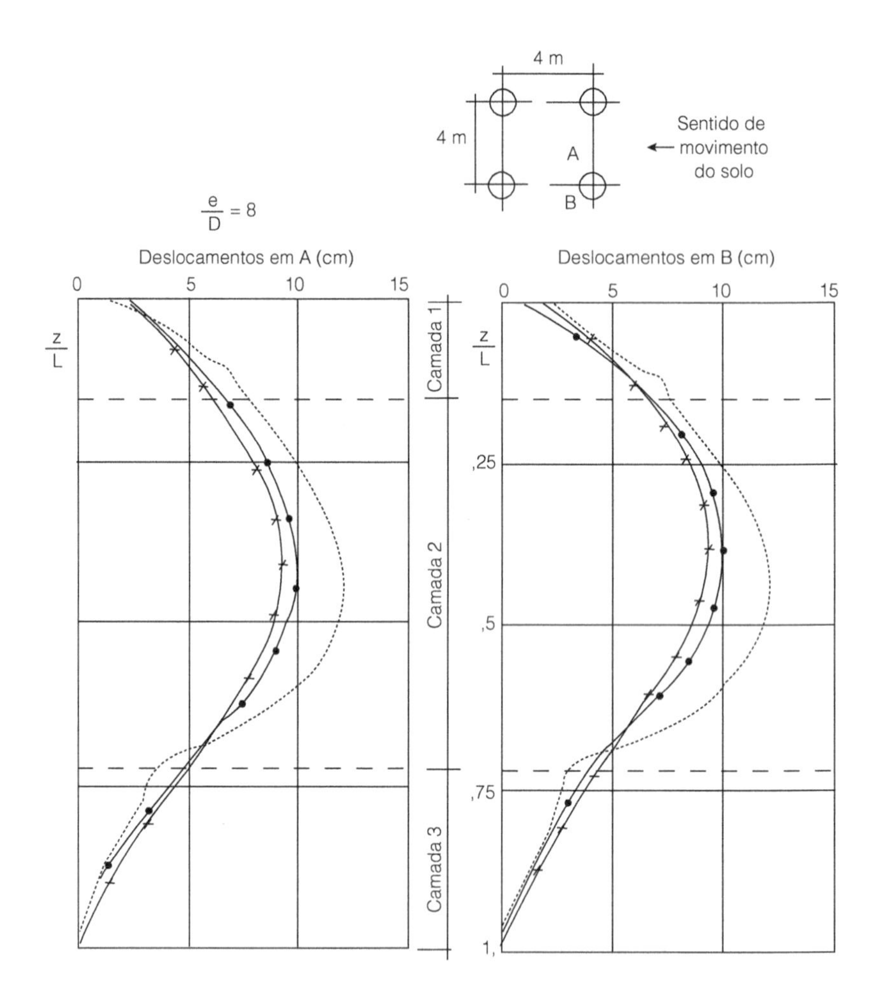

Curva	Cod.	Estaca ∅ = 50 cm E. I (T. m²)	Ponto A		Ponto B	
			ρ_m (cm)	ρ_t (cm)	ρ_m (cm)	ρ_t (cm)
1	....	Sem estaca	12,10	1,26	12,10	1,26
2	—+—+—	130 MN · m²	9,48	1,72	8,82	2,20
3	—•—•—	76 MN · m²	9,88	1,55	9,20	1,88

Figura 5.14 – Comparação entre o deslocamento do solo e o das estacas.

A Fig. 5.15 mostra a variação do momento fletor máximo para diferentes relações *e/D* entre o espaçamento e o diâmetro das estacas. Por esta figura, vê-se que:

a) Para a primeira linha de estacas, os momentos crescem com o aumento da relação H/ℓ_* entre 0,0 e 4,5. A partir deste valor, os momentos decrescem com o aumento da relação H/ℓ_*. O valor $H/\ell_* \cong 4{,}5$ permite classificar as estacas da primeira linha em rígidas ($H/\ell_* \leq 4.5$) e flexíveis ($H/\ell_* > 4{,}5$).

b) Já na segunda linha de estacas, o valor de H/ℓ_* que divide as estacas rígidas das flexíveis é função do espaçamento *e/D* e se situa entre 6 e 9.

Na Fig. 5.16 apresentam-se gráficos para o cálculo do deslocamento do topo das estacas (φ_t) e na figura 5.17 o deslocamento a meia altura (φ_m). Finalmente, na Figura 5.18, apresenta-se um resumo comparando os valores propostos por Ratton com os propostos por Oteo.

Para aplicação, ver 3° Exercício.

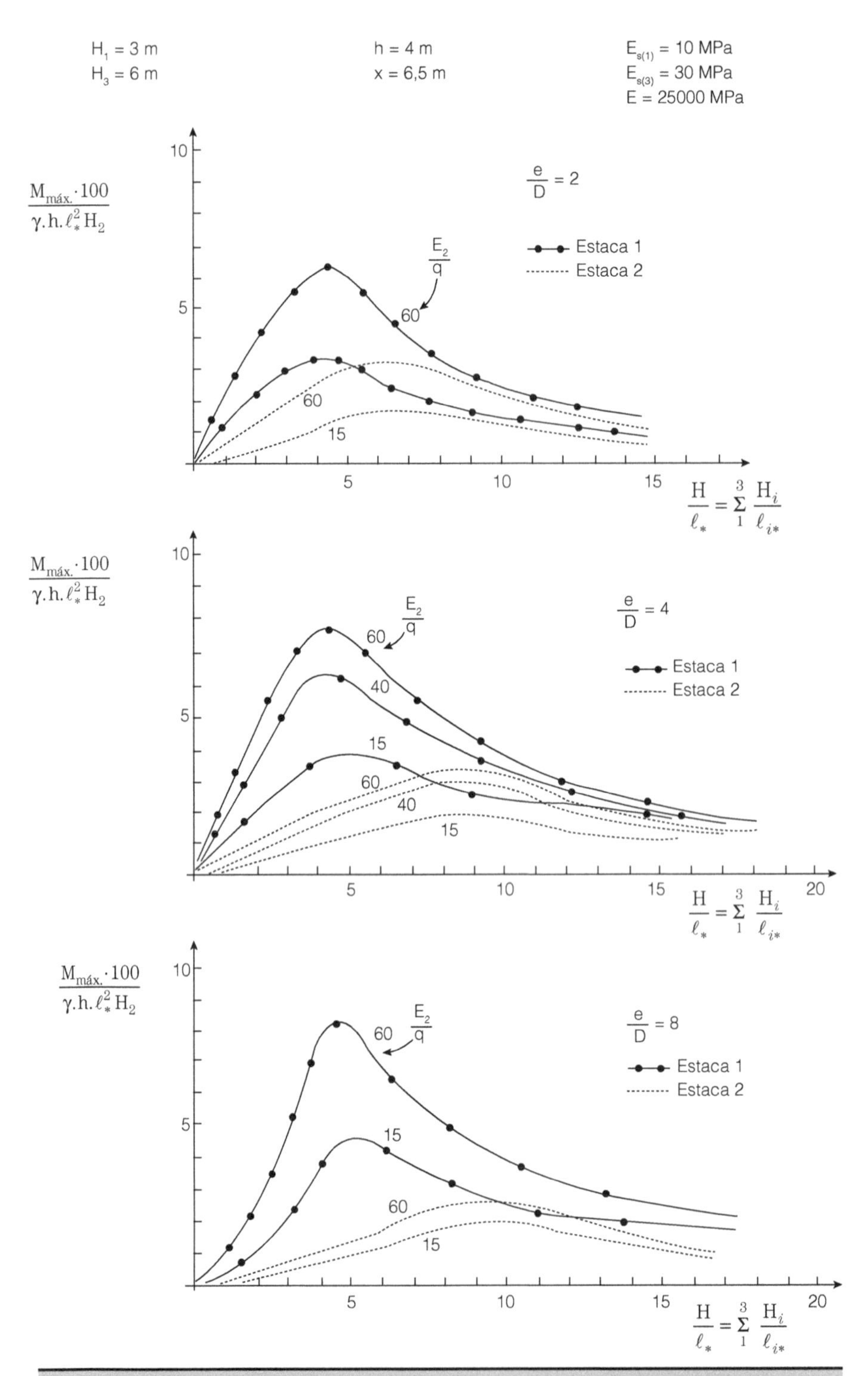

Figura 5.15 – Variação dos $M_{máx.}$ em função da rigidez relativa $\frac{H}{\ell}$.

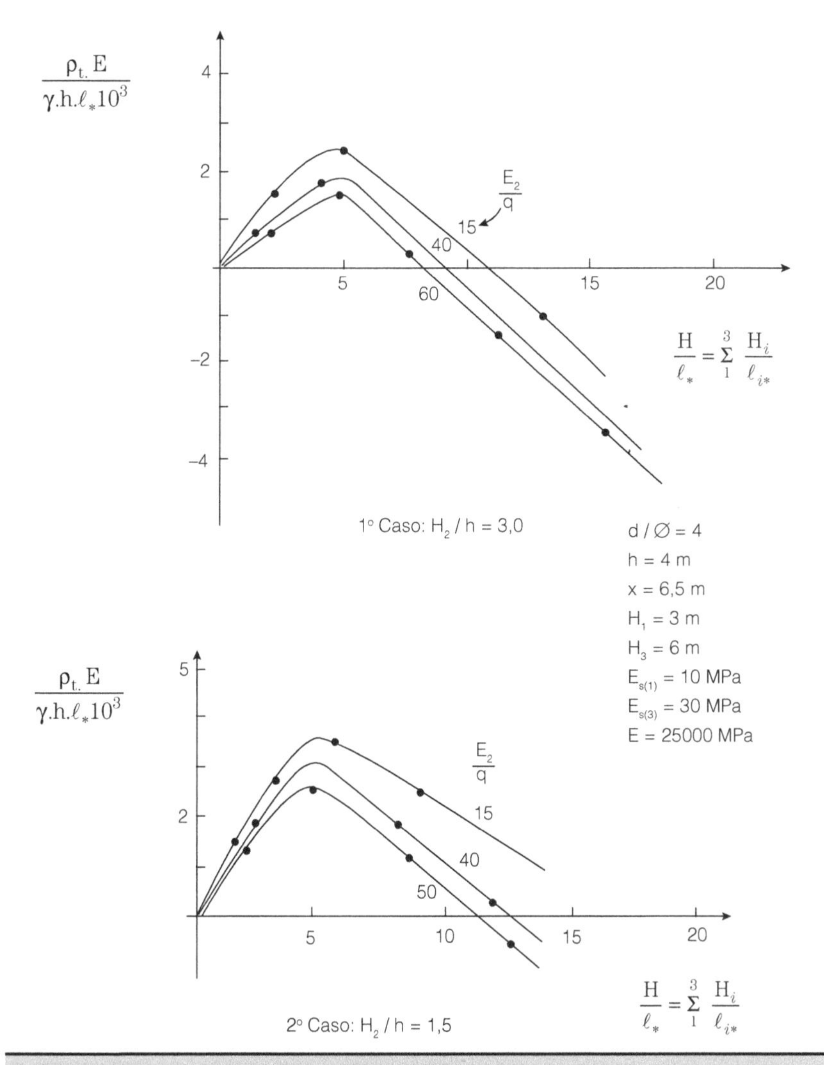

Figura 5.16 – Variação dos deslocamentos da cabeça das estacas em função da rigidez relativa (estaca 1).

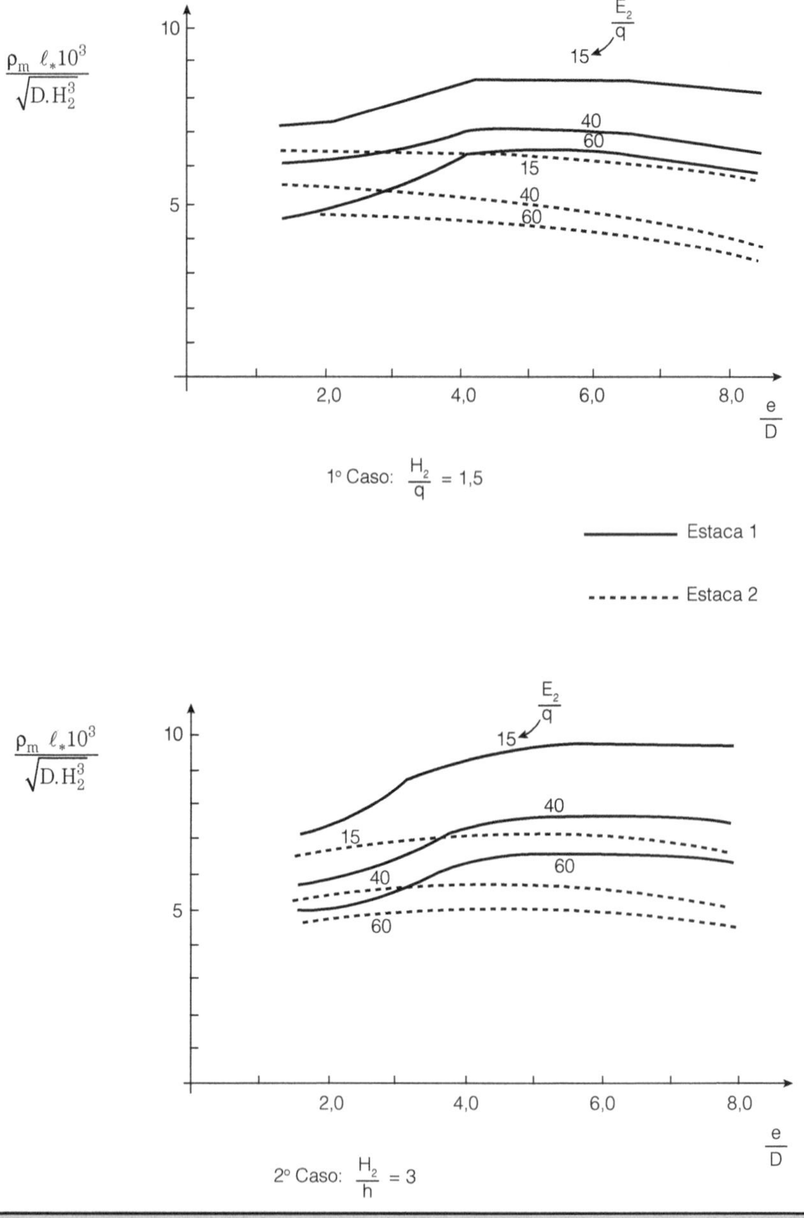

Figura 5.17 – Variação dos deslocamentos máximos em profundidade em função do espaçamento das estacas.

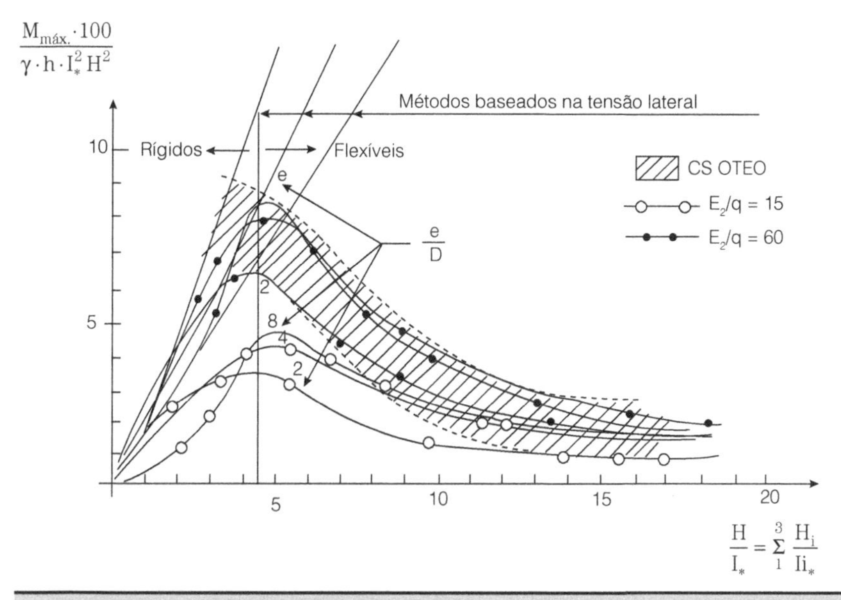

Figura 5.18 – Comparação entre os $M_{máx.}$ observados e os fornecidos pelos ábacos do modelo tridimensional elástico.

5.3 MÉTODOS PARA REDUZIR O CARREGAMENTO NAS ESTACAS

Para diminuir as tensões horizontais nas estacas, pode-se lançar mão de alguns procedimentos como melhorar a resistência da camada compressível, utilizando drenos de areia com sobrecarga, ou solo reforçado com colunas de ligantes químicos como o cimento ou a cal.

Outra solução é a utilização de material de baixo peso específico no aterro, tal como escória de alto-forno ou argila expandida ou, ainda, criar vazios na massa do aterro utilizando-se de bueiros de concreto ou de aço (Fig. 5.19) como sugere Aoki.

Também a utilização de estacas sobre as quais se colocam placas de concreto (geralmente pré-fabricadas) pode ser uma solução (Fig. 5.20).

O espaçamento e o tamanho das placas podem ser obtidos a partir da Fig. 5.21, como sugere Broms.

As placas são, geralmente, dimensionadas admitindo-se uma carga uniformemente distribuída, embora junto às bordas a tensão vertical seja maior que no centro devido ao arqueamento do solo do aterro.

A espessura do aterro é importante neste tipo de solução, devendo ter uma espessura compatível com o espaçamento entre as placas, de modo a garantir o efeito de arco e evitar que as placas girem quando forem carregadas. Broms sugere um mínimo de 2 m de altura, sendo que, para aterros de menor espessura, devem ser usados geotêxteis para melhorar sua resistência.

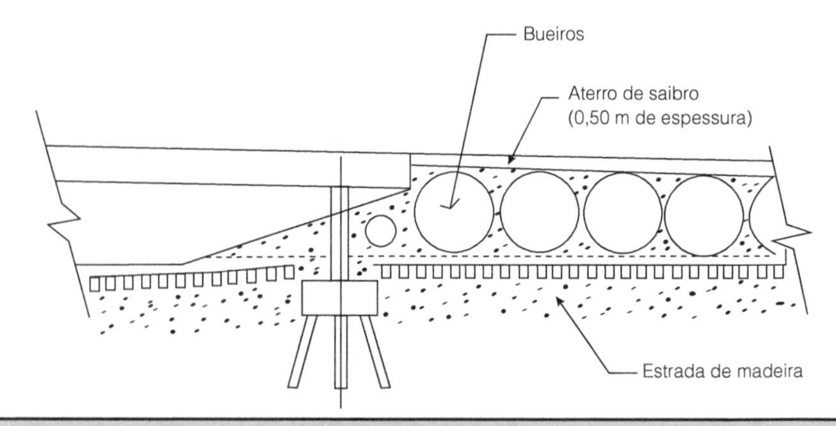

Figura 5.19 – Utilização de bueiros para reduzir o peso do aterro.

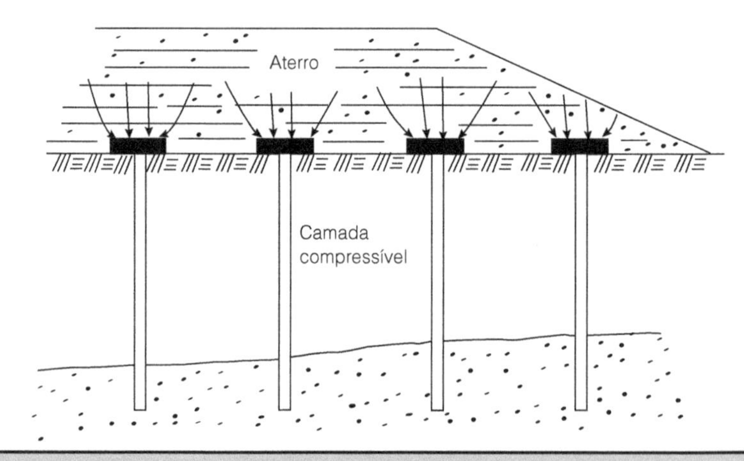

Figura 5.20 – Utilização de estacas e placas de concreto.

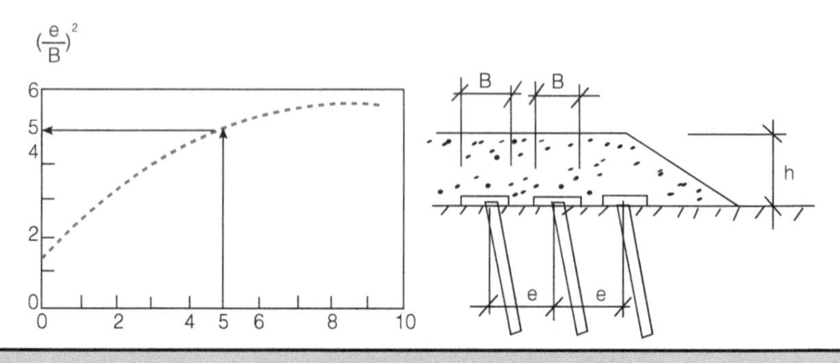

Figura 5.21 – Espaçamento entre placas.

A granulometria do aterro também é importante nesta solução e deve o mesmo ser constituído por areia, pedregulho ou blocos de rocha. No caso de se utilizar argila, Broms sugere a adoção de uma camada de pedra britada imediatamente acima das placas com cerca de 1 m de espessura.

Por outro lado, as estacas próximas ao pé do aterro deverão ser analisadas levando-se em conta o desequilíbrio dos empuxos ($p_{a1} > p_{a2}$). A utilização de estacas ligeiramente inclinadas (Fig. 5.22) pode ser uma solução.

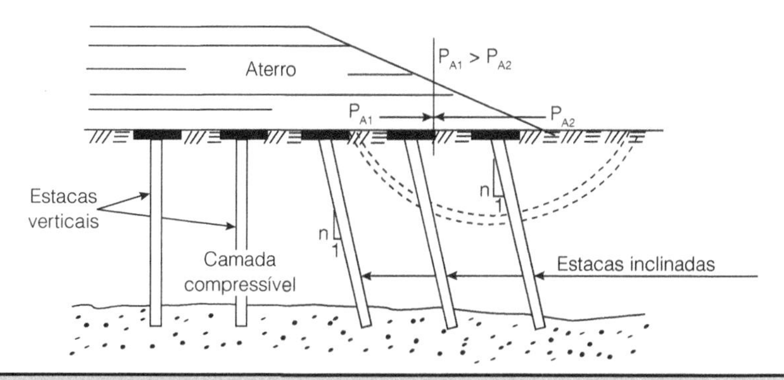

Figura 5.22 – Disposição das estacas próximas ao pé do talude.

5.4 EXERCÍCIOS RESOLVIDOS

1º *Exercício:* Calcular a tensão horizontal e os momentos atuantes nas estacas de concreto com 40 cm de diâmetro indicadas na figura abaixo. Admitir que o aterro tem extensão infinita no plano perpendicular à figura e o solo em que está imerso o bloco de coroamento das estacas tenha condições de resistir ao esforço horizontal H necessário para manter o equilíbrio de forças no sentido horizontal.

Solução:

Inicialmente, verificaremos se a estaca é rígida ou flexível. Para tanto, precisamos estimar os valores do módulo de elasticidade e o coeficiente de Poisson das diversas camadas envolvidas.

- Argila mole:

$$E_s \cong 100c = 100 \times 20 = 2.000 \text{ kN/m}^2 \text{ ou } 2 \text{ MPa}$$

- Camadas superior e inferior à argila mole

$$E_S \cong 3\ R_p \text{ em que } R_p = k \cdot SPT,$$

admitindo-se que essas camadas sejam constituídas por areias siltosas K = 0,8 MPa.

- Camada superior

$$E_S = 3 \times 0{,}8 \times 4 \cong 10 \text{ MPa}$$

- Camada inferior

$$E_S = 3 \times 0{,}8 \times 10 \cong 24 \text{ MPa}$$

O coeficiente de Poisson será admitido como $\partial = 0{,}4$.

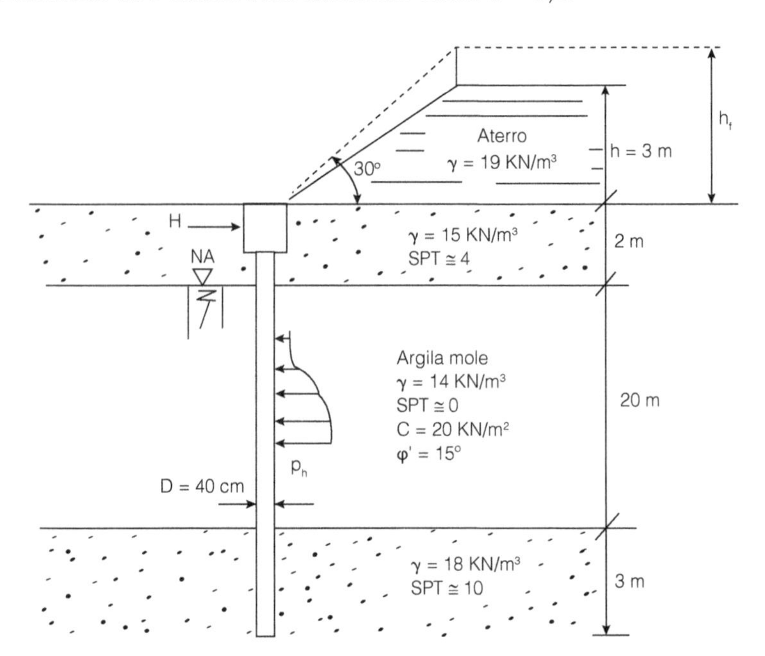

Para se verificar se as estacas são rígidas ou flexíveis, podem-se usar os métodos de Oteo ou de Ratton. Adotando o método de Oteo, temos:

$$G_s = \frac{E_s}{2(1+\partial)} = \frac{2}{2(1+0,4)} = 0,71 \text{ MPa}$$

$$L_e = \sqrt[4]{\frac{21.000 \times 0,00126}{0,71}} = 2,47\,\text{m}$$

$$\frac{d}{L_e} = \frac{20}{2,47} \cong 8 > 5 \rightarrow \text{estaca flexível}$$

Cálculo dos momentos

a) Método de Tschebotarioff: não se aplica, pois a estaca é flexível.

b) Método de De Beer-Wallays:

$$h_f = 3 \times \frac{19}{18} \cong 3,20 \text{ m}$$

$$f = \frac{30^\circ - 7,5^\circ}{90^\circ - 7,5^\circ} \cong 0,3$$

$$p_h = 0,3 \times 3 \times 19 = 17,1 \text{ kN/m}^2$$

$$q = p_h \cdot D = 17,1 \times 0,4 \cong 7 \text{ kN/m}$$

profundidade z_d:

$$2\times15+(14-10).z_d=3\times19\therefore$$
$$z_d=6{,}75\ \text{m}$$
$$5.z_d=33{,}75>20\ \text{m adotado 20 m.}$$

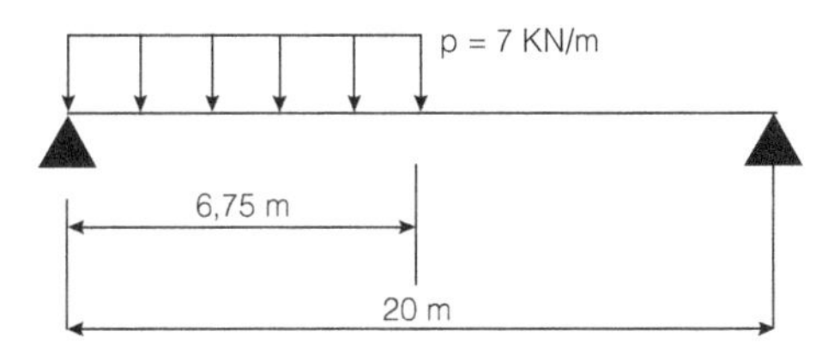

$$M_{\text{máx.}}=\frac{pc^2}{2}\left(1-\gamma+0{,}25\gamma^2\right)$$

$$\gamma=\frac{c}{\ell}=\frac{6{,}75}{20}=0{,}34$$
$$M_{\text{máx.}}=\frac{7\times6{,}75^2}{2}\left(1-0{,}34+0{,}25\cdot0{,}34^2\right)\cong110\ \text{kN.m}$$

na posição $x_0 = 6{,}75(1 - 0{,}5 \times 0{,}34) = 5{,}60$ m

c) Método de Oteo

em relação a $\frac{d}{L_e}=8$ e $G_s=710$ kPa (acima calculados)

obtém-se $f = 0{,}75$ com base na Fig. 5.10

$$\frac{M_{\text{máx.}}}{f.q.D.L_e^2}\cong0{,}75\therefore$$
$$M_{\text{máx.}}=0{,}6\times0{,}75\times57\times0{,}4\times2{,}47^2\cong63\ \text{kN.m}$$

d) Método de Ratton

$$\ell_{*i}=\sqrt[4]{\frac{EI}{E_s}}=\sqrt[4]{\frac{21.000\times0{,}0016}{E_s}}$$

1ª camada: $E_S = 10$ MPa $\therefore \ell_{*1} = 1{,}80$ m

2ª camada: $E_S \cong 2$ MPa $\therefore \ell_{*2} = 2{,}70$ m

3ª camada: $E_S = 24$ Mpa $\therefore \ell_{*3} = 1{,}45$ m

$$\ell_* = \frac{\Sigma\, \ell_{*i}\, H_i}{\Sigma\, H_i} = \frac{1{,}8 \times 2 + 2{,}7 \times 20 + 1{,}45 \times 3}{25} \cong 2{,}5 \text{ m}$$

$$\left.\begin{array}{l} \Sigma \dfrac{H_i}{\ell_{*i}} = \dfrac{2}{1{,}8} + \dfrac{20}{2{,}7} + \dfrac{3}{1{,}45} \cong 11 \\ E_2 / q = 2 \times 10^3 / 57 = 35 \end{array}\right\} \text{Figura 5.18} : 1{,}5$$

$$1{,}5 = \frac{M_{máx.} \times 100}{19 \times 3 \times 2{,}5^2\ 20} \therefore M_{máx.} \cong 107 \text{ kN.m}$$

Resumo:

Método	$M_{máx.}$ (kN.m)
Tschebotarioff	Não se aplica
De Beer-Wallays	110
Oteo	63
Ratton	107

2º *Exercício*: Admitindo-se que as estacas do exercício anterior já estivessem cravadas e armadas para resistir apenas a um momento de 90 kN.m, que solução poderia ser adotada para o aterro, supondo-se que o momento atuante fosse a média aritmética dos dois maiores momentos calculados?

Solução:

Desprezando o menor momento (63 kN.m), tem-se:

$$\text{Momento atuante} = \frac{110 + 107}{2} \cong 109 \text{ kN.m}$$

Como o momento é proporcional à sobrecarga unilateral, para diminuir o mesmo deve-se diminuir essa sobrecarga na mesma proporção dos momentos, quer seja criando-se vazios no mesmo, como mostra a Fig. 5.19, quer seja criando-se uma sobrecarga (por exemplo, lançando-se pedras de mãos) à frente do aterro, como se esquematiza na figura a seguir.

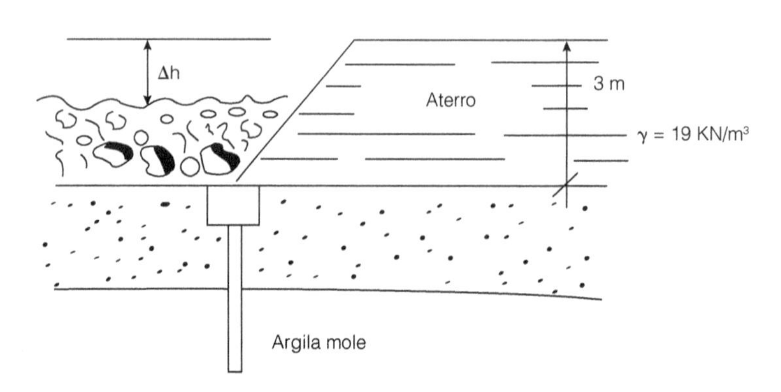

Na primeira solução, tem de se criar um volume de vazios tal que o peso específico resultante seja

$$\gamma = 19 \times \frac{90}{109} = 15{,}7 \text{ kN / m}^3$$

ou seja, deve-se criar um volume de vazios de $\frac{19-15{,}7}{19} \times 100 \cong 18\%$ do volume do aterro

Na segunda solução, admitindo-se que o peso específico das pedras de mão seja 22 kN/m^3, deve-se ter uma diferença entre o topo do aterro e o das pedras de mão Δh não superior a:

$$\Delta h = \frac{90}{109} \times 3 \times \frac{19}{22} \cong 2{,}15 \text{ m},$$

ou seja, a altura do lastro de pedra de mão deve ser

$$h = 3 - 2{,}15 = 0{,}85.$$

5.5 REFERÊNCIAS

[1] Aoki, N. *Esforços Horizontais em Estacas de Pontes Provenientes da Ação de Aterros de Acesso.* IV CVMSEF, Rio de Janeiro, 1970.

[2] Aoki, N. *Prática de Fundações no Brasil – Relatório Geral.* VII CBMSEF, Olinda, 1982.

[3] Broms, B. Notações de palestra realizada no auditório da CESP em 17 de março de 1986.

[4] De Beer & Wallays. *Forces Induced by Unsymetrical Surcharges on the Soil Around the Pile.* V ICSMFE, Madrid, 1972.

[5] De Beer. *Piles Subjected to Static Lateral Loads.* IX ICSMFE, Tóquio, 1977.

[6] Duó, A. & Velloso D. A. *O Emprego de Estacas na Estabilização de Taludes.* VII CBMSEF, Olinda, 1982.

[7] França, H. F. "Estudo teórico e experimental do efeito de sobrecargas assimétricas em estacas" – COPPE – UFRJ, 2014.

[8] Hansen, B. J. *The Ultimate Resistence of Rigid Piles Against Transversal Forces.* The Damish Geotechnical Institute, Buli. 12.

[9] INSTITUTO MILITAR DE ENGENHARIA. *Fundações em Zonas de Baixadas,* 1979.

[10] Oteo, C. S. *Horizontally Load Piles Deformation Influence.* IX ICSMFE, Tóquio, 1977, vol. 21, n. 1, p. 101-106.

[11] Poulos, H. G. & Davis, E. H. *Pile Foundation Analysis and Design* John Wiley & Sons.

[12] Ratton, E. *Dimensionamento de Estacas Carregadas Lateralmente em Profundidade. Revista Solos e Rochas,* abril, 1985.

[13] Tschebotarioff, G. P. *Foundation Retaining and Earth Structures.* McGraw-Hill.

[14] Velloso, P. P. & Grillo, S. *Observações sobre os Deslocamentos Horizontais de Argila Mole e Seu Efeito no Fuste das Estacas.* VII CBMSEF, Olinda, 1982.

[15] Wallays, M. *Pile Bending Induced by Unsymmetrical Surcharges on the Soil Around a Pile Foundation.* IX ICSMFE, Tóquio, 1977.

6 ATRITO NEGATIVO

6.1 GENERALIDADES

Quando uma estaca atravessa uma camada de solo compressível, podem ocorrer esforços adicionais na mesma (que não constam do desenho do engenheiro de estruturas), tais como empuxos horizontais devido a cargas unilaterais nessa camada de solo (já estudadas no Cap. 5) e atrito negativo, que, no caso de estacas verticais, corresponde a um acréscimo na carga axial decorrente de um recalque da camada compressível (Fig. 6.1a). Se a estaca for inclinada, existirá também um esforço de flexão decorrente desse recalque (Fig. 6.1b).

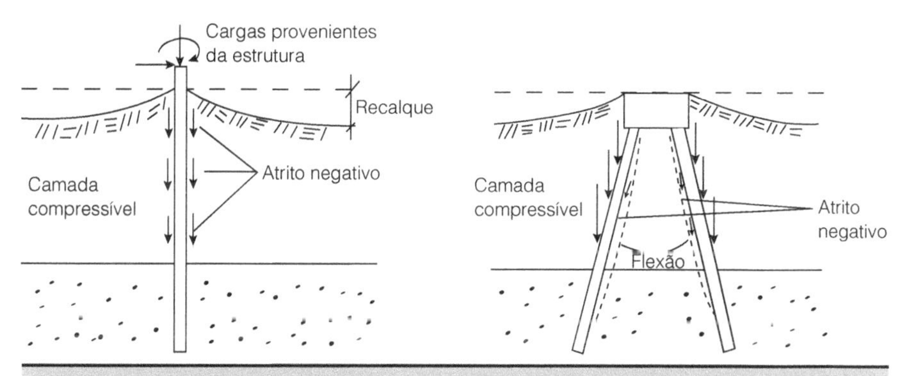

Figura 6.1 – Esforços adicionais nas estacas devido ao adensamento de camadas compressíveis.

O recalque da camada compressível (e, portanto, o atrito negativo) pode ser devido a várias causas, entre elas se destacam:

a) amolgamento (perda de resistência) da camada compressível provocado pela cravação das estacas como mostra a Fig. 6.2.

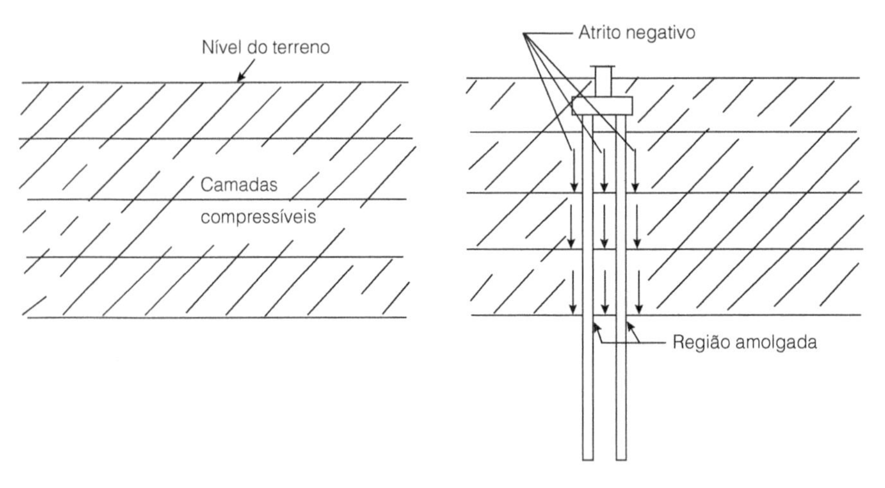

Figura 6.2 – Atrito negativo causado por amolgamento de camada compressível.

b) Recalque da camada compressível causado por uma sobrecarga devida ao lançamento de um aterro, ao estoque de materiais ou outra causa, como mostra a Fig. 6.3.

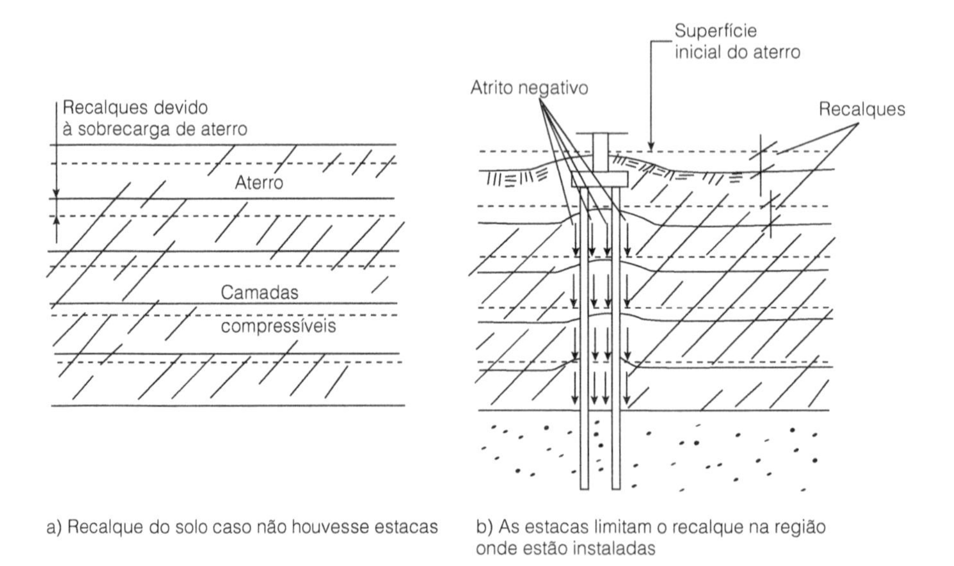

Figura 6.3 – Atrito negativo devido à sobrecarga.

c) Solos subadensados que recalcam por efeito do peso próprio (Fig. 6.4).

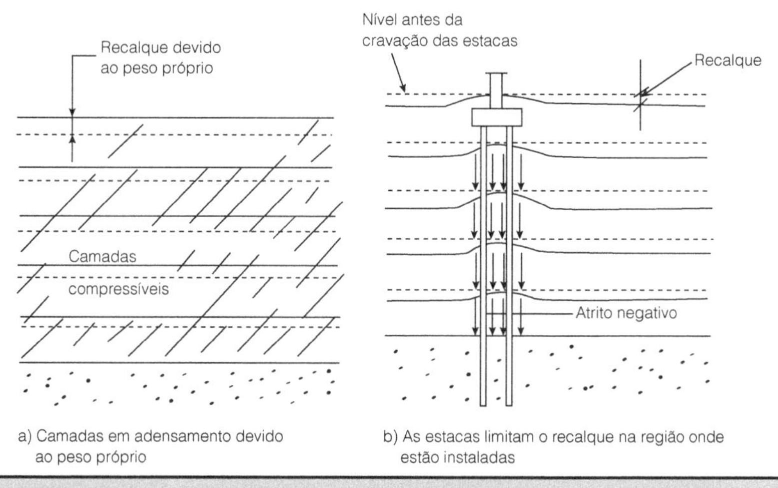

Figura 6.4 – Atrito negativo provocado por solo subadensado.

Existem ainda outras causas do atrito negativo nas estacas, entre elas o adensamento regional provocado por um rebaixamento geral do lençol freático devido à operação de poços artesianos. Também podem ocorrer recalques por carreamentos de partículas de solo provocados pela percolação da água ou por ruptura de grandes vazios (cavernas), que ocorrem, por exemplo, em solos calcários. Ainda pode ocorrer atrito negativo sobre estacas instaladas em solos colapsíveis que, quando inundados e sob carga, entram em processo de recalque.

Neste capítulo, analisaremos apenas as duas primeiras causas, visto que as outras são de análise mais complexa e fogem ao objetivo deste livro.

6.2 ATRITO NEGATIVO PROVOCADO POR AMOLGAMENTO DA CAMADA COMPRESSÍVEL

Quando uma estaca é cravada através de uma camada de argila mole submersa tende a deslocar, lateralmente, parte dessa argila provocando amolgamento (perda de resistência) da mesma. A região amolgada resultante depende (além do diâmetro da estaca e do processo de execução) da sensibilidade da argila.

O valor do atrito negativo, neste caso, é igual ao peso próprio da argila amolgada (região hachurada na Fig. 6.5), porém a extensão desse amolgamento é um assunto muito controvertido, visto que algumas argilas recuperam rapidamente uma parcela considerável de sua resistência poucos dias após a cravação das estacas (fenômeno da "cicatrização", também denominado *set-up*), como é o caso das argilas da Baixada Santista, que, apesar de terem uma alta sensibilidade (aproximadamente 4), recuperam parte considerável de sua resistência muito rapidamente. Por esta razão nas argilas da baixada Santista, não se considera qualquer parcela de atrito negativo devido à cravação das estacas (a não ser que se executem aterros ou obras que imponham cargas verticais na argila).

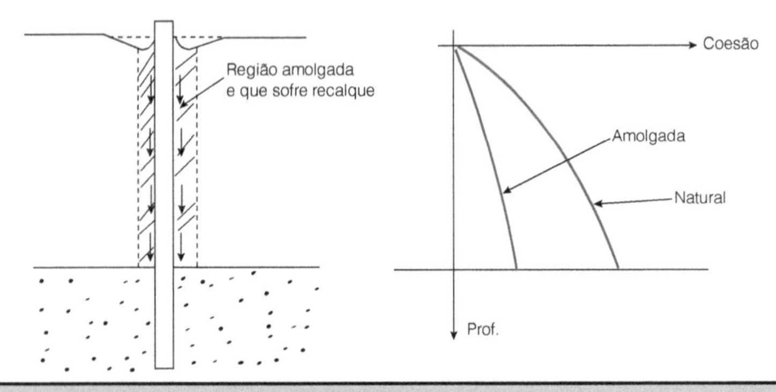

Figura 6.5 – Atrito negativo provocado por amolgamento da argila.

6.3 ATRITO NEGATIVO PROVOCADO POR SOBRECARGAS

Para visualizar o mecanismo de desenvolvimento do atrito negativo devido a sobrecargas será usada a Fig. 6.6, na qual se representa uma estaca que atravessa um aterro e uma camada compressível de espessura *d*.

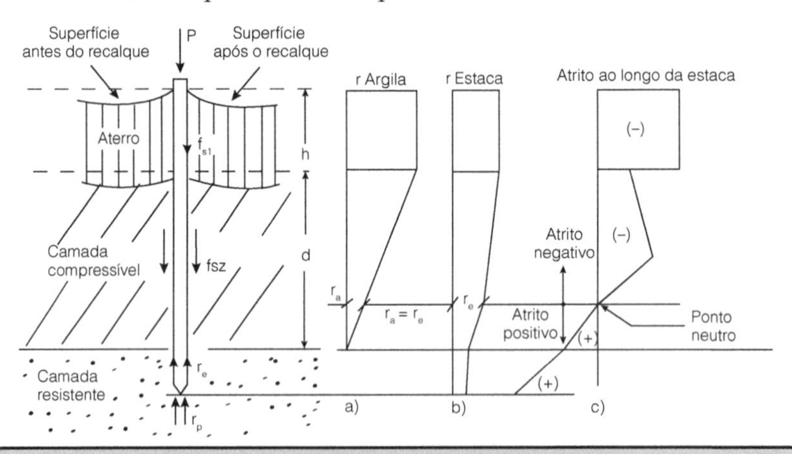

Figura 6.6 – Mecanismo do atrito negativo.

A parcela de atrito negativo transmitida pelo aterro depende da geometria deste, mas para um dado estaqueamento não pode ser maior que o peso do volume de aterro (somado à sobrecarga) sobre o plano que contém o estaqueamento.

Na camada compressível, o atrito negativo depende do deslocamento relativo entre a estaca e o solo compressível, alcançando, no máximo, o valor correspondente à resistência não drenada da camada compressível. Supondo um caso hipotético em que essa camada compressível repouse sobre um extrato indeformável e apresente resistência crescente com a profundidade, a distribuição das tensões do atrito negativo também aumentará com a profundidade, mas, depois de uma certa profundidade, começará a diminuir, caindo para zero no topo da camada indeformável (onde o deslocamento relativo solo-estaca é nulo).

Como na grande maioria dos casos a ponta das estacas não atinge o extrato indeformável, haverá um recalque de sua ponta e consequentemente o ponto onde o atrito negativo é nulo se desloca para cima, obtendo-se, na camada compressível, um certo trecho com atrito positivo (Fig. 6.6c). A mudança do atrito lateral de negativo para positivo ocorre na profundidade onde o recalque da camada compressível é igual ao recalque da estaca ($\omega_a = \omega_e$). A este ponto dá-se o nome de *ponto neutro.*

6.4 MÉTODOS PARA ESTIMAR O ATRITO NEGATIVO

6.4.1 Método convencional

No caso de estacas isoladas, a força devido ao atrito negativo pode ser estimada por:

$$AN = U \Sigma \Delta\ell \cdot f_{si}$$

em que:

U = perímetro da estaca

$\Delta\ell$ = trechos de solo com r_ℓ = constante

f_{si} = adesão entre a estaca e o solo da camada i. Para as argilas moles, este valor pode ser adotado igual à coesão dessas argilas. Na falta deste valor, ou quando a estaca atravessa aterros, f_{si}, pode ser adotado igual, em módulo, ao atrito lateral fornecido pelos métodos semi-empíricos de transferência de carga de estacas (por exemplo: Aoki-Velloso, Décourt, Quaresma etc.).

No caso de o atrito negativo ser devido unicamente ao efeito de cravação (amolgamento), seu valor não deverá exceder o peso do volume de solo amolgado, cuja extensão dependerá da sensibilidade da argila e das características das estacas. Entretanto, o valor do atrito negativo, devido a esta causa, poderá ser negligenciado quando a argila tiver uma rápida cicatrização, como se comentou no item 6.2.

Se a argila não apresentar o fenômeno da cicatrização, a região amolgada que será responsável pelo atrito negativo é de difícil avaliação. Alguns estudiosos sugerem que seja considerada uma área de um círculo com 1,5 vezes o diâmetro da estaca, enquanto outros propõem que essa extensão seja de 30 a 50 cm em torno do diâmetro a estaca.

6.4.2 Método teórico

A adesão f_{si} entre o solo e a estaca que dá origem ao atrito negativo em uma determinada profundidade z é obtida por

$$f_{si} = K_0 . tg\varphi . \sigma_{ef}$$

sendo

$K_0 = (1 - sen\varphi')OCR^{sen\phi'} \rightarrow$ para OCR = 1 (argilas normalmente adensadas)

$K_0 = (1 - sen\varphi')$

$$\varphi' = \frac{2}{3}\varphi$$

$$\sigma_{ef} = \sigma_{inicial} + \Delta\sigma$$

6.4.3 Método de De Beer e Wallays

O cálculo é feito separadamente para o efeito da sobrecarga (que inclui o aterro) e para o efeito da camada compressível, respectivamente, AN_0 e AN_γ:

$$AN = AN_0 + AN_\gamma$$

em que:

$$AN_0 = A_0\, p_0 \left(1 - e^{-\frac{\pi.D.d.k_0.tg\,\varphi}{A_0}}\right)$$

$$AN_\gamma = A_\gamma\, \gamma'\, d \left[1 - \frac{1 - e^{-\frac{\pi.D.d.k_0.tg\,\varphi}{A\gamma}}}{\frac{\pi.D.d.k_0.tg\,\varphi}{A_\gamma}}\right]$$

$A_0 = \frac{\pi d^2}{4}$ quando a estaca é isolada. No caso de estacas em grupo, A_0 é calculado como mostra a Fig. 6.8

Para $A_\gamma = \frac{\pi d^2}{16}$ (valem as mesmas considerações feitas para o termo A_0.)

D = diâmetro da estaca

d = espessura da camada compressível

$k_0\, tg\, \varphi = (1 - \text{sen}\, \varphi)\, tg\, \varphi$ = atrito solo-estaca

p_0 = sobrecarga no topo da camada compressível

γ' = peso específico efetivo da camada compressível

A profundidade z até onde se deve considerar a ação do atrito negativo é obtido a partir da Fig. 6.7.

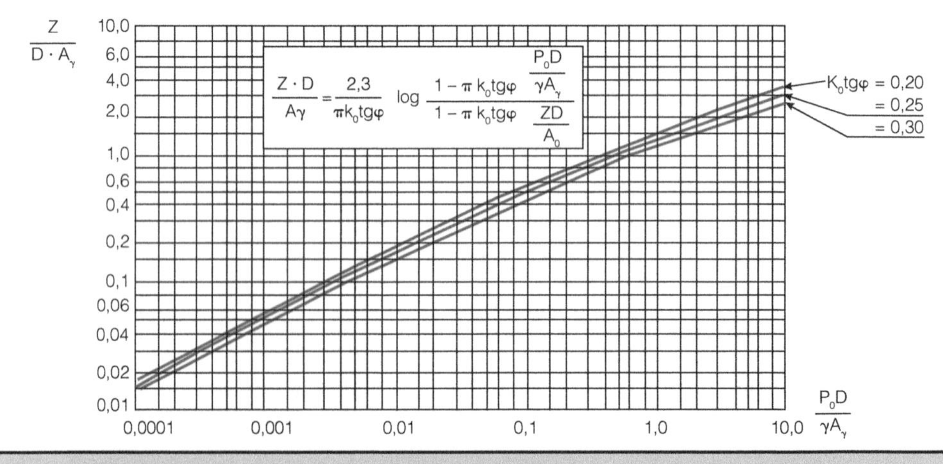

Figura 6.7 – Cálculo da espessura que contribuiu no atrito negativo.

Quando as estacas fazem parte de um grupo, o procedimento é análogo ao de estaca isolada, alterando-se apenas os valores de A_0 e A_γ para:

$A_0 = A_\gamma = a.b$ (estacas internas ao bloco)

$$A_0 = A_\gamma = \frac{(a+0,9\,d)(b+0,9\,d)}{4} \text{ (estacas nos vértices do bloco)}$$

$$A_0 = A_\gamma = 0,9\left(\frac{d}{2}+\frac{b}{2}\right)a \text{ ou } 0,9\left(\frac{d}{2}+\frac{a}{2}\right)b \text{ (estacas de periferia do bloco)}$$

(Para aplicação, ver 1º e 2º Exercícios.)

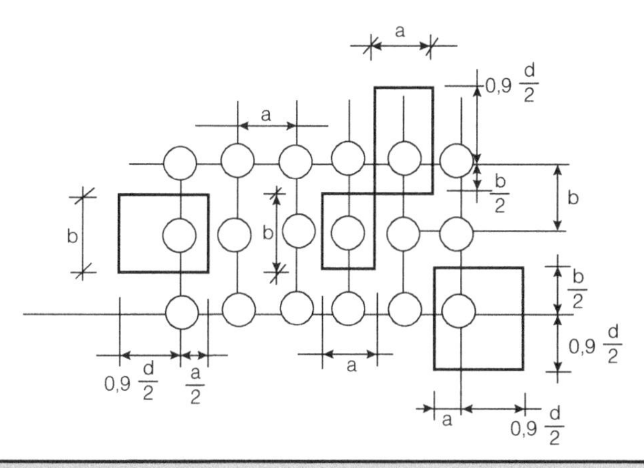

Figura 6.8 – Áreas de influência para estacas em grupo.

6.4.4 Método de Johnson e Kavanagh

O método proposto por esses autores só se aplica ao caso de estacas isoladas. Sua hipótese básica é que a carga proveniente do atrito negativo é igual à que deveria ser aplicada pela estaca ao solo, no sentido de baixo para cima, para produzir na superfície um recalque, em módulo, igual ao que a sobrecarga imporia ao solo, caso não existisse a estaca (Fig. 6.9).

Para se executar o cálculo por este método, divide-se a camada compressível em n subcamadas de espessura constante e admite-se que as tensões, de baixo para cima, solicitem essas camadas formando um ângulo φ = 30º. O cálculo é feito por tentativas até se obter um valor de f_0 (carga/comprimento de estaca) que satisfaça a igualdade de recalques, como se expôs acima. Para este cálculo, admite-se que f_0 varie linearmente com a profundidade até se anular no fim da camada compressível, como mostra a Fig. 6.9.

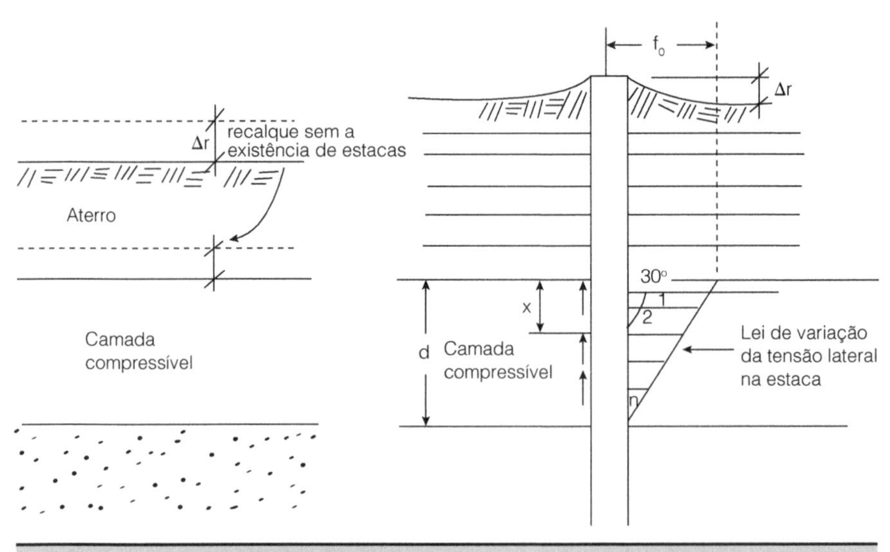

Figura 6.9 – Hipótese de Johnson e Kavanagh.

Assim, conhecido o valor real de f_0, obtém-se a carga proveniente do atrito negativo por

$$AN = f_0 \cdot \frac{d}{2}$$

Os passos de cálculo referentes a este método são apresentados no 4º Exercício resolvido.

6.5 PROCEDIMENTOS PARA TENTAR REDUZIR O ATRITO NEGATIVO

Por ser a carga de atrito negativo um fator que encarece o estaqueamento, há sempre interesse em se utilizar procedimentos que, mesmo que não o eliminem totalmente, pelo menos o diminuam. Os procedimentos citados na bibliografia sobre o assunto são:

a) Pré-carregamento da camada compressível antes da instalação das estacas. Esse método, entretanto, só pode ser empregado quando o cronograma da obra o permite, visto que este pré-carregamento deve ser mantido durante um certo tempo até que se processem os recalques preestabelecidos. Por outro lado, os custos envolvidos podem ser de tal ordem que, mesmo levando-se em conta uma carga adicional no estaqueamento devido ao atrito negativo, ainda assim este será mais vantajoso.

b) Eliminação do contato direto do solo com a estaca, instalando-se as estacas após a cravação de tubos de maior diâmetro, limpando-se o solo dentro dos mesmos e instalando-se as estacas a seguir. Este procedimento não pode ser usado quando, além das cargas verticais, atuam, cargas horizontais.

c) Pintura da superfície externa da estaca com uma mistura betuminosa especial. Esta pintura, porém, deve ser feita com uma técnica que garanta uma espessura mínima de betume que não seja removida durante a cravação pelo atrito com o solo. Na revista *Ground Engineering* de novembro de 1971 são apresentadas algumas características desse betume: penetração a 25 °C de 35 a 70 com índice de penetração + 20 e ponto de amolecimento (R & B) entre 57 e 63. O betume deve ser aplicado até se obter uma superfície uniforme em volta da estaca com espessura mínima de 1 cm. Para se garantir uma aderência eficaz, o mesmo deve ser imprimido com tensão de 1 a 2 kN/m^2. Durante a aplicação do betume, a estaca deverá ser mantida na horizontal, devendo-se evitar temperaturas elevadas para que não ocorram corrimentos.

d) Instalar as estacas de modo que possam recalcar da mesma ordem de grandeza do recalque da camada compressível. Este método foi proposto em 1976 por Zeevaert para as argilas da Cidade do México.

e) Utilização de estacas de pequeno diâmetro para reduzir a área de contato com o solo.

f) Utilização de estacas troncocônicas com a menor seção voltada para baixo, de modo que a camada compressível ao recalcar se descole do fuste.

6.6 CARGA ADMISSÍVEL

Conhecido o valor do atrito negativo, a carga de ruptura PR da estaca, do ponto de vista geotécnico, será, segundo a NBR 6122:2010,

$$PR = PP + PL(+) = 2(P + AN)$$

em que P é a carga máxima que pode ser aplicada ao topo da estaca, AN é a parcela correspondente ao atrito negativo e PL(+) é a parcela correspondente ao atrito lateral onde existe atrito positivo (ver Fig.6.10)

Notas:

1. Na NBR 6122:1996 a expressão era PR = 2P + 1,5AN, que foi alterada na revisão de 2010.
2. Os valores de AN obtidos pelas expressões apresentadas correspondem ao valor máximo de AN e corresponde ao caso em que as estacas são instaladas logo após a conclusão do aterro. Entretanto, é fácil entender que, se as estacas forem instaladas após ocorrer todo o recalque por adensamento primário, o atrito negativo será nulo. Por isso, o atrito negativo varia de um máximo (para $t = 0$) até zero (para $t = \infty$).

   Entretanto, esse aspecto da questão foge ao objetivo deste livro. Os interessados podem recorrer ao livro de Poulos e Davis (1980) citado na referência [8].

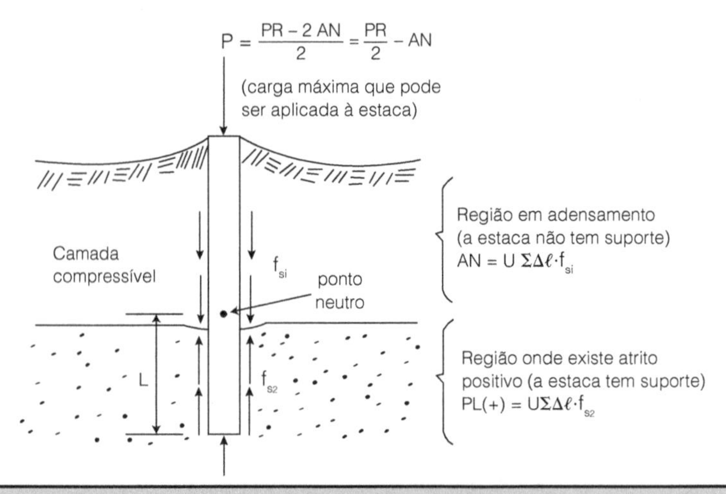

Figura 6.10 – Carga admissível quando existe atrito negativo.

6.7 EXERCÍCIOS RESOLVIDOS

1º *Exercício:* Calcular a carga devida ao atrito negativo na estaca de concreto com 40 cm de diâmetro, indicada na figura, usando os métodos convencional, teórico e o de De Beer-Wallays.

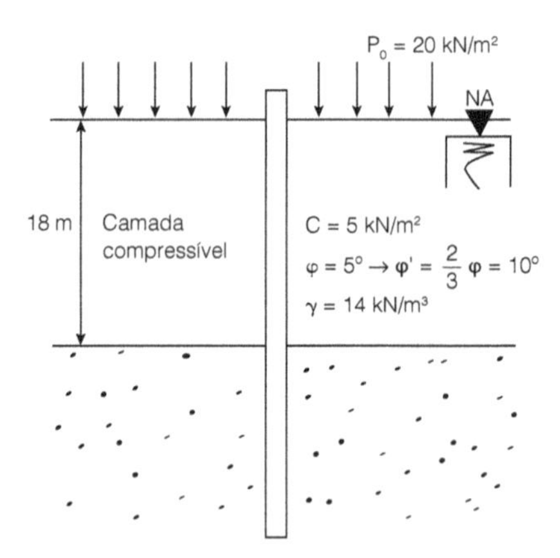

a) Método convencional

$$AN = \pi \times 0{,}4 \times 18 \times 5 \cong 113 \text{ kN}$$

b) Método teórico

$K_o = 1 - sen10° = 0{,}83$

$\sigma_{inicial} = \dfrac{18}{2} \times 4 = 36\ KN/m^2$

$\sigma_{ef} = 36 + 20 = 56\ KN/m^2$

$fs = 0{,}83 \times tg10° \times 56 = 8{,}2\ KN/m^2$

$AN = \pi \times 0{,}4 \times 18 \times 8{,}2 = 185\ KN$

c) Método de De Beer-Wallays

$$A_0 = \frac{\pi \times 18^2}{4} = 254 \text{ m}^2$$

$$A_\gamma = \frac{\pi \times 18^2}{16} = 64 \text{ m}^2$$

$$k_0 \text{ tg } \varphi' = (1 - \text{sen } \varphi')\text{tg } \varphi' = (1 - \text{sen } 10^\circ)\text{tg } 10^\circ \cong 0{,}15$$

$$\pi.D.d.k_0.\text{tg } \varphi' = \pi \times 0{,}4 \times 18 \times 0{,}15 = 3{,}40$$

$$\frac{\pi.D.d.k_0.\text{tg } \varphi'}{A_o} \cong 0{,}0134 \text{ adotado } 0{,}015$$

$$\frac{\pi.D.d.k_0.\text{tg } \varphi'}{A_\gamma} \cong 0{,}06$$

$$AN_0 = 254 \times 20\,(1 - e^{-0{,}015}) \cong 76 \text{ kN}$$

$$AN_\gamma = 64 \times (14 - 10) \times 18 \left(1 - \frac{1 - e^{-0{,}06}}{0{,}06}\right) = 136$$

$$AN_\gamma = 76 + 136 = 212 \text{ kN}$$

profundidade máxima até onde atua o atrito negativo

$$\frac{p_0 D}{\gamma' A_\gamma} = \frac{20 \times 0{,}4}{(14 - 10) \times 64} = 0{,}03 \rightarrow \frac{z.D}{A_\gamma} \cong 0{,}2 \text{ (Figura 6.7)}$$

z = 0,2 × 64/0,4 = 32 m > 18 m e, portanto, toda camada compressível contribuirá para o atrito negativo.

2° *Exercícios*: Calcular a carga devido ao atrito negativo atuante nas estacas de 25 cm de diâmetro solidarizadas por um bloco. O espaçamento entre as estacas é de 1 m nos dois sentidos e as mesmas atravessam uma camada compressível de 10 m de espessura sobre a qual será lançado um aterro de 2 m de altura, com peso específico de 18 kN/m³.

Adotar para a camada compressível os mesmos parâmetros geotécnicos do exercício anterior.

Solução:

$$p_0 = 2 \times 18 = 36 \text{ kN/m}^2$$

$$k_0 \text{ tg } \varphi = 0{,}15$$

$$\gamma' = 14 - 10 = 4 \text{ kN/m}^3$$

$$\pi\ D\ d\ k_0\ \text{tg } \varphi = \pi \times 0{,}25 \times 10 \times 0{,}15 = 1{,}18$$

a) Estacas do interior do bloco

$$A_0 = A_\gamma = 1\times 1 = 1\ m^2$$

$$\frac{\pi D d k_0 \, tg\, \varphi}{A_0} = 1{,}18$$

$$\frac{\pi D d k_0 \, tg\, \varphi}{A_\gamma} = 1{,}18$$

$$AN_0 = 1\times 36\left(1-e^{-1{,}18}\right) = 24{,}9\ kN$$

$$AN_\gamma = 1\times 4\times 10\left(1-\frac{1-e^{-1{,}18}}{1{,}18}\right) = 16{,}5\ kN$$

$$AN = 41{,}4\ kN$$

b) Estacas do vértice

$$A_0 = A_\gamma = \frac{(1+0{,}9\times 10)^2}{4} = 25\ m^2$$

$$\frac{\pi D d k_0 \, tg\varphi}{A_0} = 0{,}047$$

$$\frac{\pi D d k_0 \, tg\varphi}{A} = 0{,}047$$

$$AN_0 = 25\times 36\left(1-e^{-0{,}047}\right) = 41{,}3\ kN$$

$$AN_\gamma = 25\times 4\times 10\left(1-\frac{1-e^{-0{,}047}}{0{,}047}\right) = 23{,}1\ kN$$

$$AN = 64{,}4\ kN$$

c) Estacas da periferia

$$A_0 = A_\gamma = 0{,}9\left(\frac{10}{2}+\frac{1}{2}\right)\times 1 \cong 5\ m^2$$

$$\frac{\pi D d k_0 \, tg\varphi}{A_0} = 0{,}236$$

$$\frac{\pi D d k_0 \, tg\varphi}{A} = 0{,}236$$

$$AN_0 = 5\times 36\left(1-e^{-0{,}236}\right) = 37{,}8\ kN$$

$$AN_\gamma = 5\times 4\times 10\left(1-\frac{1-e^{-0{,}236}}{0{,}236}\right) = 21{,}8\ kN$$

$$AN = 37{,}8+21{,}8 = 59{,}6\ kN$$

3º *Exercício:* Calcular o atrito negativo atuante numa estaca de 50 cm de diâmetro causado pelo lançamento de um aterro imediatamente após a cravação da estaca, como indica a figura. Usar o método de Johnson e Kavanagh.

Dados

Aterro: $h = 4$ m

$\gamma = 18$ kN/m^3

Camada compressível:

$d = 8$ m

$\gamma = 10$ kN/m^3

$e_0 = 1{,}9$

$C_c = 0{,}25$

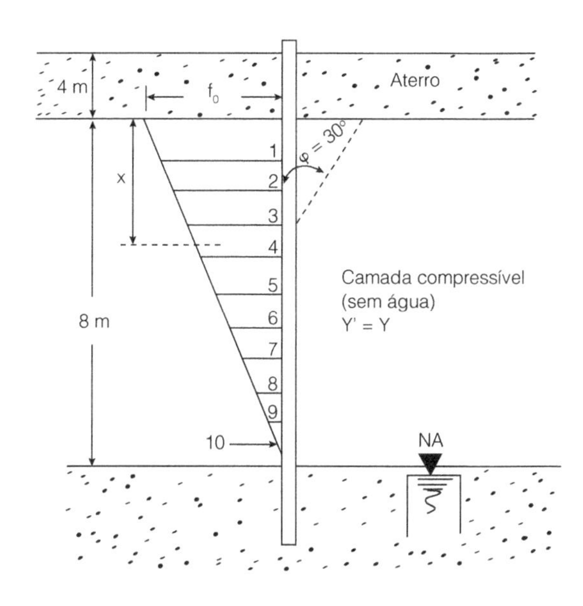

1º *Passo*: Cálculo do recalque, por adensamento, devido ao lançamento do aterro, caso não houvesse a estaca:

$$r = d\frac{C_c}{1+e_0}\log o\left(\frac{p_0+\Delta p}{p_0}\right)$$

$$p_0 = \frac{8}{2}\times 10 = 40\,\text{kN/m}^2$$

$$\Delta p = 4\times 18 = 72\,\text{kN/m}^2$$

$$r = 8\,\frac{0{,}25}{1+1{,}9}\log\left(\frac{40+72}{40}\right) = 0{,}3083\,\text{m}$$

2º *Passo:* Cálculo da parcela de atrito (carga por unidade de comprimento) a uma dada profundidade x contada do topo da camada compressível, em função do valor de f_0 atuante nesse topo e decrescendo linearmente até f_0 no final da camada compressível, como mostra a figura acima.

$$f_x = f_0\left(1-\frac{x}{d}\right)$$

Dividindo-se a camada compressível em 10 subcamadas de espessura constante, tem-se:

$$\Delta x = \frac{d}{n} = \frac{8}{10} = 0{,}80 \text{ m}$$

Força total devido a uma subcamada

$$F_x = f_x \cdot \Delta x = f_0\left(1-\frac{x}{d}\right)\Delta x = f_0\left(1-\frac{x}{n\,\Delta x}\right)\Delta x$$

Admitindo-se que a força total F_x de cada subcamada solicite o solo formando um ângulo $\varphi = 30°$, então a variação média de tensão Δp, na profundidade x causada pela força F_x, será:

$$\Delta p = \frac{F_x}{\pi\left(\frac{x}{2}\,\text{tg}\,\varphi + R\right)^2} = \frac{f_0\left(1-\frac{x}{n\,\Delta x}\right)\Delta x}{\pi\left(\frac{x}{2}\,\text{tg}\,\varphi + R\right)^2}$$

em que

R = D/2 é o raio da estaca

Como $x = i\cdot\Delta x - \Delta x/2 = (2i-1)\Delta x/2$, em que i é da subcamada em estudo, então:

$$\Delta p = \frac{8\; f_0\cdot\Delta x\;(2n-2i+1)}{\pi\cdot n\left(16\;R^2 + 8\;R\,\Delta x(2i-1)\,\text{tg}\,\varphi + \Delta x^2(2i-1)^2\,\text{tg}^2\,\varphi\right)} =$$

$$\Delta p = \frac{8\; f_0\cdot 0{,}80\;(21-2i)}{\pi\times 10\left(16\times 0{,}25^2 + 8\times 0{,}25\times 0{,}8(2i-1)0{,}577 + 0{,}8^2(2i-1)^2\cdot 0{,}577^2\right)} \;\therefore$$

$$\Delta p = \frac{0{,}204\;(21-2i)}{1+0{,}923(2i-1)+0{,}213(2i-1)^2}\cdot f_0$$

Tensão efetiva inicial devido à camada compressível, acima da profundidade x.

$$p_0 = \frac{1}{2}\,\gamma\left(i\Delta x - \frac{\Delta x}{2}\right) = \frac{\gamma}{4}\,\Delta x(2i-1)$$

$$p_0 = \frac{10}{4}\times 0{,}8\;(2i-1) = 2\;(2i-1)$$

Recalque da camada compressível devido à força F_x agindo na subcamada da profundidade x.

$$r_x = x\frac{C_c}{1+e_0}\,\log\left(\frac{p_0+\Delta p}{p_0}\right)$$

Como $x = i\,\Delta x - \Delta x/2$, então

$$r_i = \left(i\Delta x - \frac{\Delta x}{2}\right)\frac{C_c}{1+e_0}\log\left(\frac{p_0+\Delta p}{p_0}\right),$$

em que r_i é o recalque da camada compressível devido à força de atrito na subcamada i.

Substituindo-se os valores de Δx, C_c, e_0, p_0 e Δp, ficaremos com a expressão de r_i expressa apenas em função de i e f_0. Assim, o problema fica resumido a se arbitrar valores para f_0 até que a soma das parcelas r_i, fazendo-se $i = 1, 2, ...\ 10$, seja igual ao recalque r calculado no 1° Passo.

Para este cálculo, foi elaborada a tabela a seguir.

r_i \ f_0(kN/m)	30	40	50
r_1	0,050	0,054	0,057
r_2	0,063	0,073	0,081
r_3	0,046	0,056	0,065
r_4	0,029	0,037	0,044
r_5	0,018	0,023	0,028
r_6	0,011	0,014	0,018
r_7	0,006	0,009	0,011
r_8	0,004	0,005	0,006
r_9	0,002	0,002	0,003
r_{10}	0,000	0,001	0,001
Soma:	0,229	0,274	0,315

45 kN/m (valor intermediário entre 40 e 50 kN/m)

A força total de atrito negativo será, então:

$$AN = f_0\frac{d}{2} = 45\times\frac{8}{2} = 180\ \text{kN}$$

6.8 REFERÊNCIAS

[1] Aoki, N. *Esforços Horizontais em Estacas de Pontes Provenientes da Ação de Aterros.* IV CBMSEF, 1970.

[2] De Beer & Wallays. *Quelques Problèmes que Posent les Fondations sur Pieux de les Zones Portuaires. – La Technique des Travaux,* dezembro de 1968.

[3] Claessen & Horvat. *Reducing Negative Friction with Bitumen Slip Layers.* ASCE, IGE, GT4, 1974.

[4] Fellenius, B. H. *Reducing Negative Friction with Bitumen Slip Layers.* ASCE, JGE, GT4, 1975.

[5] Johnson, M. S. & Kavanagh, T .C. *The Design of Foundations for Buildings.* McGraw-Hill Book Co.

[6] Moreto, O. *Cimentos Profundos. Revista Latinoamericana de Geotecnía.* julho-setembro de 1971.

[7] Navarro, R. *Considerações sobre a Força Axial Induzida em Estacas Verticais por Efeito de Atrito Negativo,* Tese de Mestrado, USP, 1984.

[8] Poulos, H. G. & Davis, E. H. *Pile Foundation Analysis and Design.* John Wiley & Sons, 1980.

[9] Salomão, V. N. *Alguns Métodos de Cálculo dos Acréscimos de Cargas em Estacas devido ao Atrito Negativo.* Seminário na USP, 1979.

[10] Sulían, H. A. *Drowdrah on Piles, State of Art. 7°* I CSMFE, México, 1969.

[11] Zeevaert, L. *Foundation Engineering for Dificult Subsoil Condi tions.* Van Nostrand Reinhold Co., New York.

7 ESTIMATIVA DE RECALQUES

7.1 GENERALIDADES

Este ainda é um dos cálculos mais complexos no dimensionamento de uma fundação profunda, razão pela qual existem poucos trabalhos escritos sobre o assunto. Uma tentativa feita pelo autor no sentido de tornar esse cálculo simples não me parece hoje que seja o melhor caminho para resolver o problema, pois atualmente a utilização de microcomputadores como ferramentas corriqueiras de trabalho torna artigos como o apresentado por Aoki e Lopes mais atrativos. Assim, neste capítulo apresentaremos o resumo desse método e uma listagem em BASIC para o microcomputador MSX, que poderá facilmente ser adaptado para outros microcomputadores.

7.2 MÉTODO PROPOSTO POR AOKI E LOPES

Este método utiliza as equações de Mindlin, porém reescritas de tal modo a permitir uma integração numérica. Embora os autores tenham desenvolvido essas equações para as estacas circulares e retangulares, neste capítulo abordaremos apenas o caso das circulares.

A posição da estaca é definida pelas coordenadas do ponto $A(x_A, y_A, z_A)$ do centro da ponta da mesma e pelos raios da ponta e do fuste, respectivamente, R_b e R_s (Fig. 7.1).

A área da ponta da estaca é dividida em $n_1 \times n_2$ subáreas (Fig. 7.1a), onde n_1 é o número de divisões da circunferência e n_2, o número de divisões do raio R_b. A carga em cada uma dessas subáreas será:

$$P_{i,j} = \frac{P_b}{n_1 \cdot n_2}$$

em que P_b é a carga total atuante na ponta da estaca.

A carga $P_{i,j}$ estará aplicada no ponto $I_{i,j}$, centro de gravidade da subárea, cuja profundidade será

$$c = z_A$$

i e j são variáveis (contadores) que indicam a posição da subárea.

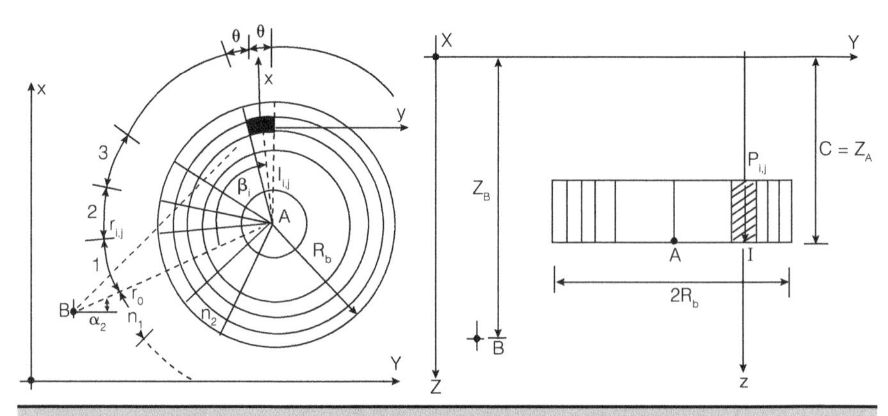

Figura 7.1 – Dados geométricos da ponta da estaca.

Outras grandezas geométricas para a aplicação das equações de Mindlin, são as coordenadas dos pontos A (já definido acima) e B, onde se pretende calcular o recalque.

$$x_B = X_B - X_A - \rho_{i,j}\ \text{sen}(\beta_i - \alpha_2)$$
$$y_B = Y_B - Y_A - \rho_{i,j}\ \cos(\beta_i - \alpha_2)$$
$$z_B = Z_B$$
$$r_{i,j} = \left(r_0^2 + \rho_{i,j}^2 - 2r_0\,\rho_{i,j}\ \cos\beta_i\right)^{1/2}$$

em que

$$r_0 = \left[(X_A - X_B)^2 + (Y_A - Y_B)^2\right]^{1/2}$$
$$\rho_{i,j} = \frac{2\ \text{sen}\ \theta}{3\theta}\ \frac{R_b}{\sqrt{n_2}}\cdot\left[j\ \sqrt{j} - (j-1)\sqrt{j-1}\right]$$
$$\beta_i = \frac{180}{n_1}\,(2i - 1)$$
$$\theta = \left(\frac{180}{n_1}\right)^{o} = \left(\frac{\pi}{n_1}\right)\text{rd}$$
$$\alpha_2 = \text{arc tg}\ \frac{X_A - X_B}{Y_A - Y_B}$$

Quanto à carga lateral total P_s, a mesma é subdividida em várias forças $P_{i,k}$ aplicadas no ponto $I_{i,k}$ situado na profundidade c_k (Fig. 7.2).

A circunferência do fuste de raio R_s é subdividida em n_1 partes iguais e o trecho do fuste entre as profundidades D_2 e D_1 subdividido em n_3 partes iguais. Sendo i e k as variáveis que Indicam a locação do ponto $I_{i,k}$ da superfície do fuste, pode-se escrever:

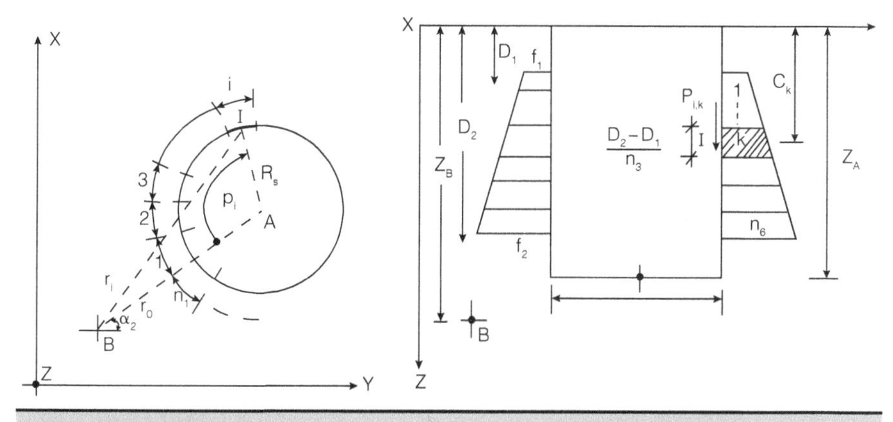

Figura 7.2 – Dados geométricos do fuste da estaca.

$$P_{i,k} = \frac{(D_2 - D_1)}{2n_3}\left[2f_1 - \frac{2k-1}{n_3}(f_1 - f_2)\right]$$

$$f_1 = \xi f_2$$

$$f_2 = \frac{2P_s}{n_1(1+\xi)(D_2 - D_1)}$$

em que ξ indica a forma de distribuição da carga lateral, sendo $\xi = 1$ para o diagrama constante e $\xi = 0$ ou $\xi = \infty$ para o diagrama triangular.

Os outros dados geométricos que interessam ao problema são:

$$c_k = D_1 + \frac{D_2 - D_1}{n_3}(k-1) + \frac{\frac{D_2 - D_1}{n_3}\left[f_1 + (f_1 - f_2)\cdot\frac{1-3k}{3n_3}\right]}{2f_1 - (f_1 - f_2)\cdot\frac{2k-1}{n_3}}$$

$$x_B = X_B - X_A - R_s \operatorname{sen}(\beta_i - \alpha_2)$$

$$y_B = Y_B - Y_A + R_{s_\gamma} \cos(\beta_i - \alpha_2)$$

em que

$$\beta_i = \frac{360 \cdot i}{n_1}$$

$$\alpha_2 = \text{arc tg}\frac{X_A - X_B}{Y_A - Y_B}$$

$$r_i = \left(r_0^2 + R_s^2 - 2r_0 \cdot R_s \cdot \cos \beta_i\right)^{1/2}$$

Com base nas expressões acima, podem ser calculados a tensão σ e o recalque ω_s do solo no ponto B

$$\sigma = \sum_{i=1}^{n_1} \sum_{j=1}^{n_2} \sigma_{i,j} + \sum_{i=1}^{n_1} \sum_{k=1}^{n_3} \sigma_{i,k}$$

$$\omega_s = \sum_{i=1}^{n_1} \sum_{j=1}^{n_2} \omega_{i,j} + \sum_{i=1}^{n_1} \sum_{k=1}^{n_3} \omega_{i,k}$$

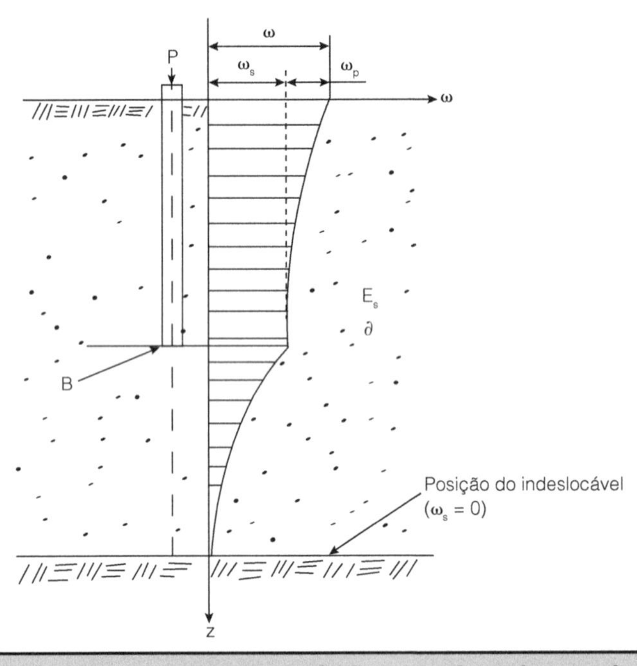

Figura 7.3 – Procedimento para calcular o recalque do topo da estaca

em que $\sigma_{i,j}$ e $\omega_{i,j}$ são, respectivamente, a tensão e o realque produzidos no ponto B pela carga de ponta $P_{i,j}$; $\sigma_{i,k}$ e $\omega_{i,k}$ os mesmos parâmetros, também no ponto B, devidos à carga do fuste $P_{i,k}$.

Para se calcular o recalque total ω do topo da estaca, basta escolher o ponto B no pé da mesma e somar ao valor de ω_S recalque elástico do fuste ω_p, com base na lei de Hooke.

Para o cálculo de ω_p, traça-se o diagrama de esforço normal da estaca dado por $N_{(z)} = P - PL_{(z)}$. Assim, tem-se

$$\omega_p = \frac{1}{AE} \Sigma N_{(z)} \cdot \Delta z$$

Por exemplo, para o caso indicado na Fig. 7.4, o valor de ω_p será:

$$\omega_p = \frac{1}{AE}\left[\frac{P+N_1}{2} \cdot z_1 + \frac{N_1 + P_p}{2} \cdot z_2\right]$$

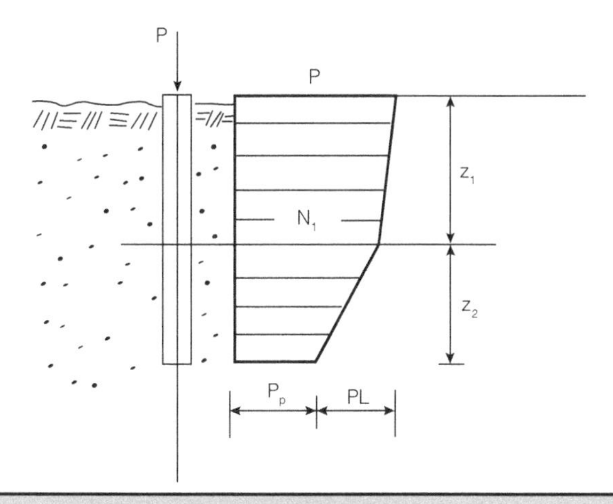

Figura 7.4 – Recalque elástico do fuste.

A partir das equações acima, foi elaborado o programa em BASIC para o microcomputador MSX transcrito a seguir. Este programa e o primeiro exercício foram desenvolvidos pelo autor a partir de apontamentos cedidos pelo engenheiro Nelson Aoki. Nas páginas seguintes, a título de curiosidade, transcrevemos a listagem que era usada no programa quando ele foi desenvolvido.

Os dados para entrada no programa são:

Número de estacas	C1
Número de trapézios de cada estaca C	P Ø (C, 8)
Número de subdivisões dos trapézios	PØ (C, 9)
D1	DS(C,2*k + 1)
f_1	FS(C,2*k + 1)
D2	DI(C,2*k + 1))
f_2	FI(C,2*k + 1))
Raio do fuste da estaca C	R1(C)
Raio da ponta da estaca C	R(C)
Número de subdivisões da base n_1	PØ(C,2)
n_2	PØ(C,3)
Carga na ponta	PØ(C,4)
Coordenadas da ponta da estaca C: X	PØ(C,5)
Y	PØ(C,6)
Z	PØ(C,7)
Número de pontos onde se deseja calcular o recalque	C2
Coordenadas da ponta da estaca C2: X	P1(J,1)
Y	P1(J,2)
Z	Z9
Número de camadas do solo	NØ
Profundidades das camadas do solo	T(I,1)
Módulo de Young	T(I1,1)
Coeficiente de Poisson	T1(I1,2)

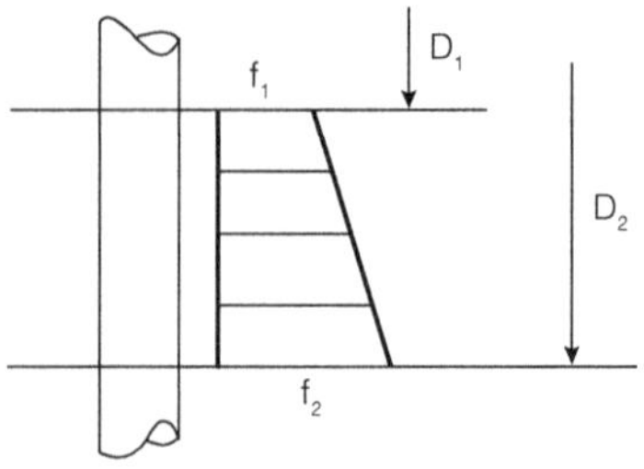

LISTAGEM DO PROGRAMA

```
10 REM"CALC.RECALQUE ESTACAS CIRCULARES
20 DIM T(8),V(12),T1(6,2),H(12),W(3),W1(3),W2(3),PO(13,9),P1(13,3),R(11),R1(11),
D(11,12),F(11,12),P3(12)
30 CLS: INPUT "No.de estacas <=11";C1
40 FOR C=1 TO C1
50 CLS: PRINT "ESTACA";C
60 PRINT
70 INPUT "No. de trapezios <=5          ";PO(C,8)
80 IF PO(C,8)=0 THEN 200
```

```
90 INPUT "No. de div. dos trapezios (N3)";PO(C,9)
100 PRINT
110 FOR K=0 TO (PO(C,8)-1)
120 CLS: PRINT"Estaca";C
130 PRINT:PRINT "Trapezio No.";K+1
140 INPUT "DS (cm)";D(C,2*K+1)
150 INPUT "FS (kN/cm)";F(C,2*K+1)
160 PRINT
170 INPUT "DI (cm)";D(C,2*(K+1))
180 INPUT "FI (kN/cm)";F(C,2*(K+1))
190 NEXT K
200 INPUT "Raio do fuste (cm)";R1(C)
210 INPUT "Raio da base  (cm)";R(C)
220 PO(C,1)=1
230 PRINT:PRINT"No. de divisoes da base"
240 INPUT "N1";PO(C,2)
250 INPUT "N2";PO(C,3)
260 INPUT "Carga na ponta (kN)";PO(C,4)
270 PRINT "Coordenadas da ponta"
280 INPUT "X(cm)";PO(C,5)
290 INPUT "Y(cm)";PO(C,6)
300 INPUT "Z(cm)";PO(C,7)
310 NEXT C
320 CLS:INPUT"No.pontos onde se quer recalque";C2
330 FOR J=1 TO C2
340 CLS:PRINT"Coordenadas do ponto No.";J
350 PRINT
360 INPUT "X(cm)";P1(J,1)
370 INPUT "Y(cm)";P1(J,2)
380 INPUT "Z(cm)";Z9
390 IF Z9<>0 THEN 410
400 Z9=.001
410 P1(J,3)=Z9
420 NEXT J
430 CLS:INPUT"No.de camadas do terreno<=9";NO
440 PRINT"Prof(cm)    Young(kN/cm2)   Poisson"
450 FOR I1=1 TO NO
460 INPUT T(I1+1)
470 LOCATE (I1+2),12
480 INPUT T1(I1,1)
490 LOCATE (I1+2),28
500 INPUT T1(I1,2)
510 NEXT I1
520 CLS:PRINT:PRINT:PRINT:PRINT:PRINT:PRINT:PRINT:PRINT:PRINT:PRINT"
     AGUARDE COM PACIENCIA ! ! !"
530 FOR C=1 TO C1
540 FOR G=1 TO C2
550 F3(C)=0
560 P1=PO(C,4)/(PO(C,2)*PO(C,3))
570 X=P1(G,1)-PO(C,5)
580 Y=P1(G,2)-PO(C,6)
590 RO=SQR(X^2+Y^2)
600 IF Y<>0 THEN 630
610 A2=0
620 GOTO 640
630 A2=ATN(X/Y)
640 D=3.1416/PO(C,2)
650 A1=(2/3)*(SIN(D)/D)*R(C)/SQR(PO(C,3))
660 J=0:I=0
670 J=J+1
680 PO=A1*(J*SQR(J)-(J-1)*SQR(J-1))
690 I=I+1
700 B1=D*(2*I-1)
710 R=SQR(RO^2+PO^2-2*RO*PO*COS(B1))
720 C3=PO(C,7)
730 F9=1
740 GOSUB 1140
750 IF PO(C,4)=0 THEN 790
760 IF I<PO(C,2) THEN 690
770 I=0
780 IF PO(C,8)=0 THEN 1040
790 IF J<PO(C,3) THEN 670
```

```
680 P0=A1*(J*SQR(J)-(J-1)*SQR(J-1))
690 I=I+1
700 B1=D*(2*I-1)
710 R=SQR(R0^2+P0^2-2*R0*P0*COS(B1))
720 C3=PO(C,7)
730 F9=1
740 GOSUB 1140
750 IF PO(C,4)=0 THEN 790
760 IF I<PO(C,5) THEN 690
770 I=0
780 IF PO(C,8)=0 THEN 1040
790 IF J<PO(C,[illegible]) THEN 670
800 F9=2
810 N=PO(C,2)
820 FOR K3=1 TO (2*PO(C,8))
830 F1(C,K3)=F(C,K3)/N
840 NEXT K3
850 FOR I4=1 TO PO(C,2)
860 B1=2*3.1416/N*I4
870 X3=X-R1(C)*SIN(B1-A2)
880 Y3=Y+R1(C)*COS(B1-A2)
890 R1=SQR(R0^2+R1(C)^2-2*R0*R1(C)*COS(B1))
900 FOR K2=0 TO (PO(C,8)-1)
910 FOR K1=1 TO PO(C,9)
920 D0=D(C,2*(K2+1))-D(C,2*K2+1)
930 P1=D0/(2*PO(C,9))
940 P2=(2*F1(C,2*K2+1)-((2*K1-1)/PO(C,9))*(F1(C,2*K2+1)-F1(C,2*(K2+1))))
950 P1=P1*P2
960 C4=2*F1(C,2*K2+1)-(F1(C,2*K2+1)-F1(C,2*(K2+1)))*((2*K1-1)/PO(C,9))
970 C5=2*F1(C,2*K2+1)+(F1(C,2*K2+1)-F1(C,2*(K2+1)))*((1-3*K1)/(3*PO(C,9)))
980 C3=D(C,2*K2+1)+D0*(K1-1)/PO(C,9)+((D0/PO(C,9))*C5)/C4
990 P3(C)=P3(C)+P1
1000 GOSUB 1140
1010 NEXT K1
1020 NEXT K2
1030 NEXT I4
1040 W2(G)=[illegible](G)
1050 NEXT G
1060 NEXT C
1070 CLS:PRINT:PRINT TAB([illegible]) "R E S U L T A D O S (m)"
1080 PRINT"Pto Coordenadas(x,y)  (ponta)  (lateral)  (total)"
1090 FOR I3=1 TO C2
1100 PRINT USING"## ####   ####   ####   #.###   #.###   #.###";I3;P1(I3,1);P1(I
3,2);P1(I3,3);W(I3);W1(I3);W2(I3)
1110 NEXT I3
1120 PRINT:INPUT"QUER IMPRESSAO EM PAPEL (S/N)";I$
1130 IF I$="S" THEN 1510 ELSE 1780
1140 REM "ROTINA DO MINDLIN
1150 FOR G1=1 TO NO
1160 IF P1(G,3)<T(G1+1) THEN 1180
1170 NEXT G1
1180 G2=T(G1)
1190 T(G1)=P1(G,3)
1200 FOR K=G1 TO NO
1210 B0=(P1/C3)*((1+T1(K,2))/T1(K,1))*(1/(8*3.1416*(1-T1(K,2))))
1220 J2=0
1230 FOR L=K TO K+1
1240 IF T(L)=C3 THEN 1260
1250 GOTO 1270
1260 C3=C3+.001
1270 M=T(L)/C3
1280 W1=3-4*T1(K,2)
1290 W2=8*((1-T1(K,2))^2)-W1
1300 W3=(M-1)^2
1310 W4=W1*((M+1)^2)-2*M
1320 W5=(6*M)*((M+1)^2)
1330 N8=R/C3
1340 A=SQR(N8^2+(M-1)^2)
1350 B=SQR(N8^2+(M+1)^2)
```

```
1360 V(L)=((-1)^J2)*B0*-(W1/A)+(W2/B)+(W3/(A^3))-(W4/(B^3))+(W5/(B^5)))
1370 J2=J2+1
1380 A5=V(L)+V(L-1)
1390 NEXT L
1400 IF A5>0 THEN 1420
1410 A5=0
1420 IF F9=2 THEN 1470
1430 W(G)=W(G)+A5
1440 GOTO 1480
1450 T(G1)=G2
1460 GOTO 1500
1470 W1(G)=W1(G)+A5
1480 NEXT K
1490 T(G1)=G2
1500 RETURN
1510 REM "ROTINA DE IMPRESSAO"
1520 LPRINT CHR$(27);"@";
1530 LPRINT CHR$(14);
1540 LPRINT TAB(9)"RECALQUE DE ESTACAS"
1550 LPRINT:LPRINT TAB(20)"DADOS DE TERRENO (cm,N/cm2)"
1560 LPRINT TAB(20)"Prof.   Mod.Young   Coef.Poisson"
1570 FOR I=1 TO NO
1580 LPRINT TAB(20)USING" #####  ######      #.##";T(I+1);T1(I,1);T1(I,2)
1590 NEXT I
1600 LPRINT:LPRINT TAB(20)"DADOS DAS ESTACAS (cm,kN)"
1610 LPRINT TAB(20)"Ponto     Coordenadas X,Y,Z          P        Q+    Rb"
1620 FOR I=1 TO C1
1630 LPRINT TAB(20)USING" ##  ####.## ####.## ####.##  ######  ###.##  ###.##"
;I;PO(I,5);PO(I,6);PO(I,7);PO(I,4);R1(I);R(I)
1640 NEXT I
1650 LPRINT TAB(20)"Atrito lateral (cm,kN/cm)"
1660 LPRINT TAB(20)"Est.  Prof.     FS"
1670 FOR I=1 TO C1
1680 FOR K=0 TO PO(I,8)-1
1690 LPRINT TAB(20)USING"##  #####  ####.##";I;D(I,2*K+1);F(I,2*K+1)
1700 LPRINT TAB(20)USING"##  #####  ####.##";I;D(I,2*(K+1));F(I,2*(K+1))
1710 NEXT K
1720 NEXT I
1730 LPRINT:LPRINT TAB(20)"R E S U L T A D O S  (cm)"
1740 LPRINT TAB(20)"Pto Coordenadas(X,Y,Z)      r(ponta) r(atr) r(total)"
1750 FOR I3=1 TO C2
1760 LPRINT TAB(20)USING"# ####  ####  ####         #.###   #.###   #.###";I3;P1(
I3,1);P1(I3,2);P1(I3,3);W(I3);W1(I3);W2(I3)
1770 NEXT I3
1780 END
```

7.3 CURVA CARGA-RECALQUE

A previsão da curva carga-recalque (Fig. 7.5) poderá ser feita desde que se calcule, para vários níveis de carregamento (P_i), os correspondentes recalques (W_i)

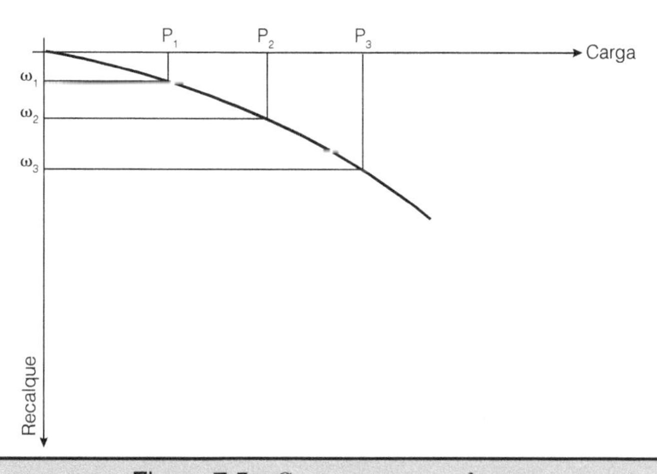

Figura 7.5 – Curva carga-recalque.

Entretanto, se essa curva puder ser representada por uma equação matemática, o trabalho para sua previsão ficará facilitado.

Existem várias expressões propostas para essa curva. Neste capítulo adotaremos aquela proposta por Van der Veen.

$$P_i = PR\,(1 - e^{-wi})$$

em que

P_i = carga correspondente ao recalque W_i

PR = carga da ruptura da estaca (corresponde a um valor assintótico da curva, quando $W_i \rightarrow \infty$)

α = coeficiente que depende das características da estaca e da natureza do solo.

Como se vê pela expressão acima, conhecidos os valores da carga de ruptura (PR) e das coordenadas de um ponto (P_i:Wi) da curva carga-recalque, pode-se obter o valor de (α) pela expressão:

$$\alpha = -\frac{\ell_n\left(1-\frac{P_i}{PR}\right)}{w_i}$$

e, consequentemente, traçar a curva carga-recalque teórica.

A carga de ruptura PR corresponderá ao menor dos dois valores indicados no item 1.1 do Cap. 1.

(Para aplicação, ver 3º Exercício).

7.4 EXERCÍCIOS RESOLVIDOS

1º *Exercício:* Calcular o recalque do topo de uma estaca indicada abaixo, admitindo-se que a distribuição f seja triangular no primeiro trecho, constante no segundo e trapezoidal no terceiro.

Solução:

Inicialmente, traçamos o gráfico de f, com base no enunciado:

1º trecho: triangular $f_1 = 0$

$$f_2 = 2\times\frac{40}{400} = 0{,}2\ \text{kN/cm.}$$

2º trecho: constante $f_1 = f_2 = \frac{150}{500} = 0{,}3\ \text{kN/cm.}$

3º trecho: trapezoidal

adotando f_1 = 0,5 kN/cm tem-se $f_2 = 2\times\frac{220}{440} - 0{,}5 = 0{,}6\ \text{kN/cm.}$

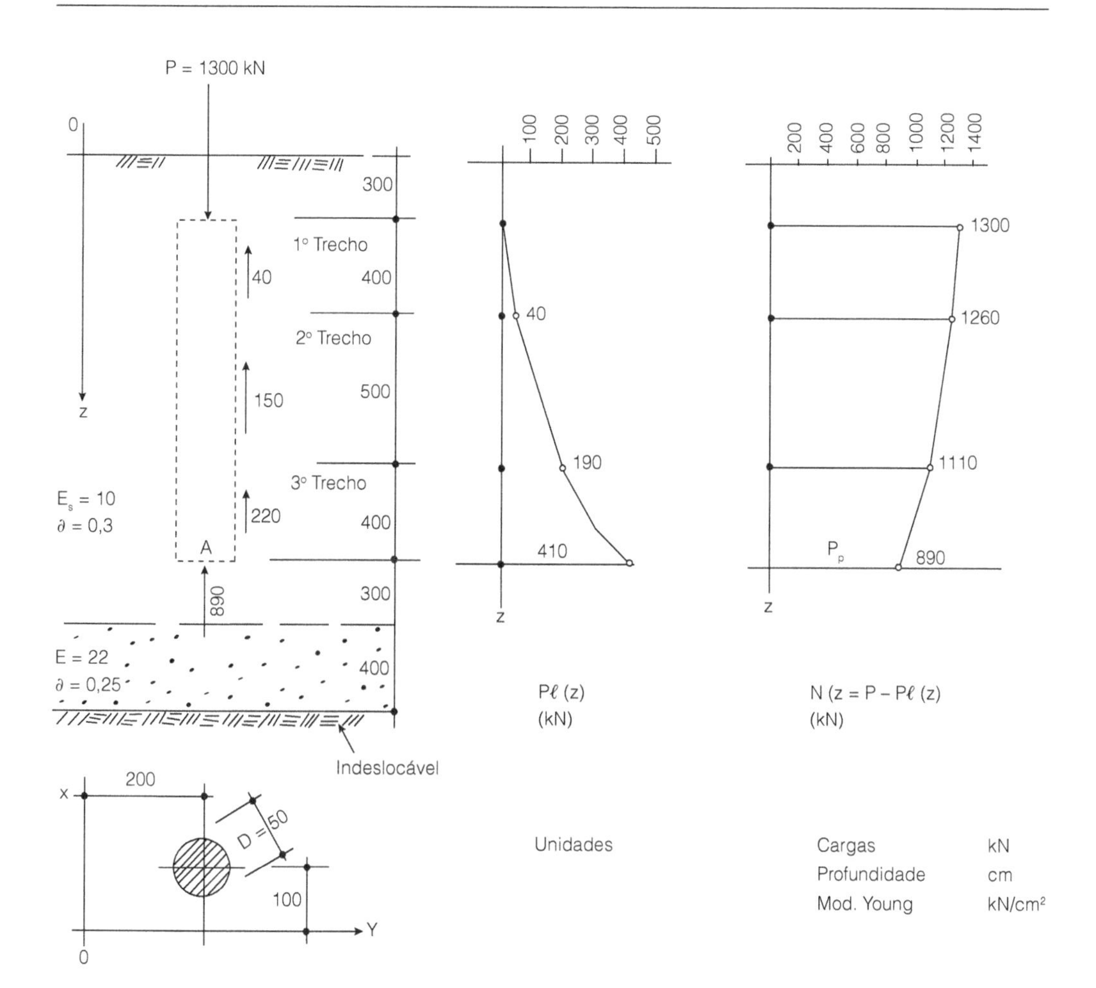
P = 1300 kN
0
z
300
1° Trecho
40
400
2° Trecho
150
500
3° Trecho
E_s = 10
∂ = 0,3
220
400
A
890
300
E = 22
∂ = 0,25
400
Indeslocável
x
200
D = 50
100
Y
0
100
200
300
400
500
40
190
410
z
Pℓ (z)
(kN)
200
400
600
800
1000
1200
1400
1300
1260
1110
P_p
890
z
N (z = P – Pℓ (z)
(kN)
Unidades
Cargas kN
Profundidade cm
Mod. Young kN/cm²

N. camadas	=	2	Rf	=	25
N. pontos	=	1	Rb	=	25
N. trapézios	=	3	Xp	=	100
Carga ponta	=	890	Yp	=	200
n_1		5	zp	=	1.600
n_2		5			
n_3		5	Ponto 1		
			Xr	=	100
Trapézio 1			Yr	=	200
D_s	=	300	Zr	=	1.600
F_s	=	0			
D_i	=	700	Camada 1		
F_i	=	0,20	Prof	=	1.900
			Young	=	10
Trapézio 2			Poisson	=	0,30
D_s	=	700			
F_s	=	0,30	Camada 2		
D_i	=	1.200	Prof	=	2.300
F_i	=	0,30	Young	=	22
			Poisson	=	0,25
Trapézio 3					
D_s	=	1.200	Recalque ponto A		
F_s	=	0,50	Ponta	=	0,852
D_i	=	1.600	Atrito	=	0,033
F_i	=	0,60	Total w_s	=	0,885 cm

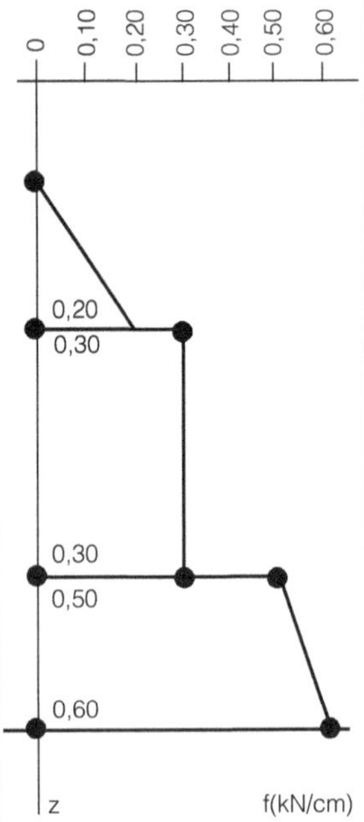

Recalque elástico do fuste

$$w_p = \frac{1}{1.964 \times 2.100}\left[\frac{1.300+1.260}{2} \times 400 + \frac{1.260+1.110}{2} \times 500 + \right.$$

$$\left. + \frac{1.110+890}{2} \times 400\right] = 0{,}364 \text{ cm}$$

Recalque total no topo da estaca:

$$w = w_s + w_p = 0{,}0885 + 0{,}364 = 1{,}249 \text{ cm} \cong 1{,}25 \text{ cm}$$

2º *Exercício*: Calcular o recalque do topo das estacas A e B abaixo indicadas, admitindo-se que as mesmas suportam uma laje flexível que aplica a cada uma, a carga de 1,080 kN resistida metade pela ponta e metade por atrito. Adote f constante ao longo de todo o fuste. As estacas são de concreto com diâmetro de 50 cm.

Dados do solo		
Profundidade (cm)	**E_s (kN/cm²)**	∂
1.300	4	0,35
1.500	6	0,30
2.000	4	0,35
2.300	6	0,30
3.000	4	0,35

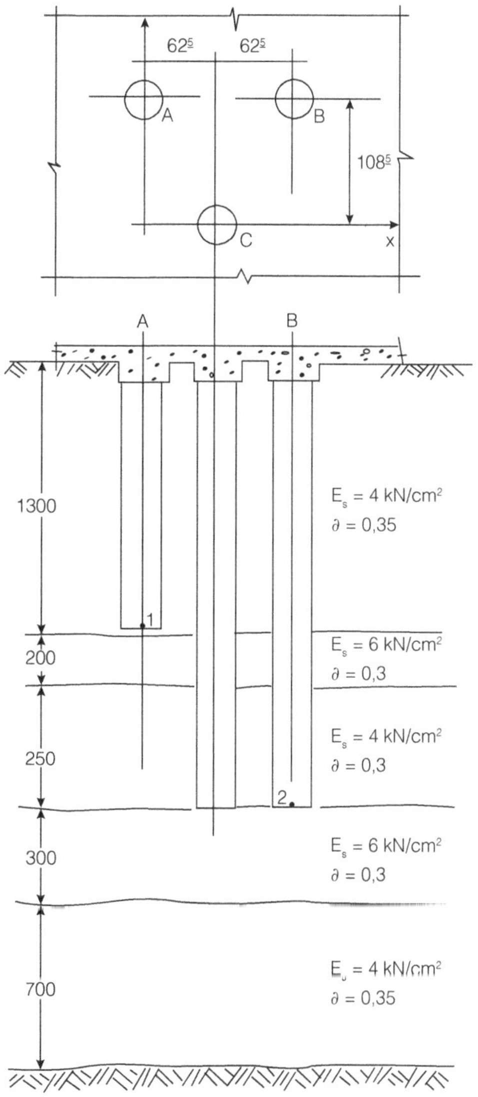

Dados das estacas				
Estaca n.	***x* (cm)**	***y* (cm)**	***z* (cm)**	***f* (kN/cm)**
A	0	108,5	1.300	0,42
B	125	108,5	2.000	0,27
C	62,5	0	2.000	0,27
Pp = 540 kN para as 3 estacas.				

Pontos para cálculos de w_s			
Ponto n.	***x* (cm)**	***y* (cm)**	***z* (cm)**
1	0	108,5	1.300
2	125	108,5	2.000

Resultados

	Ponta	Atrito	w_s (cm)
Ponto 1	1,139	0,199	1,338
Ponto 2	1,036	0,073	1,109

Recalque elástico do fuste

$$\text{estaca A: } w_p = \frac{1}{1.964 \times 2.100} \times \frac{1.080 + 540}{2} \times 1.300 = 0{,}255 \text{ cm}$$

$$\text{estaca B: } w_p = \frac{1}{1.964 \times 2.100} \times \frac{1.080 + 540}{2} \times 2.000 = 0{,}392 \text{ cm}$$

Recalque total no topo das estacas

estaca A: w = 1,338 + 0,255 = 1,593 cm

estaca B: w = 1,109 + 0,392 = 1,501 cm

3º *Exercício*: Estimar a curva carga-recalque da estaca de concreto abaixo indicada. Adotar a expressão de Van der Veen e, para carga de ruptura, o valor médio dado pelos métodos de Aoki-Velloso e Décourt-Quaresma.

Nota: este exemplo só se aplica às estacas que apresentam ruptura física (tipo Van der Veen), como estacas metálicas de perfil simples, nas quais a carga de ponta é muito baixa. No caso de estacas de deslocamento onde a ruptura é de tipo convencional, este procedimento de cálculo deve ser usado com reserva.

Solução:

a) Método Aoki-Velloso

$$r_e = \frac{\alpha \text{ kN}}{\text{F2}} = \frac{3 \times 0{,}6 \times 6}{100 \times 3{,}5} = 0{,}031 \text{ MN/m}^2$$

ou 31 kN/m²

$$r_p = \frac{\text{kN}}{\text{F}_1} = \frac{0{,}6 \times 20}{1{,}75} = 6{,}86 \text{ MN/m}^2$$

ou 6.860 kN/m²

$$\text{PL} = \pi \times 0{,}4 \times 10 \times 31 \cong 390 \text{ kN}$$

$$\text{PP} = \frac{\pi \times 0{,}4^2}{4} \times 6.860 = 862 \text{ kN}$$

$$\text{PR} = \text{PL} + \text{PP} = 1.252 \text{ kN}$$

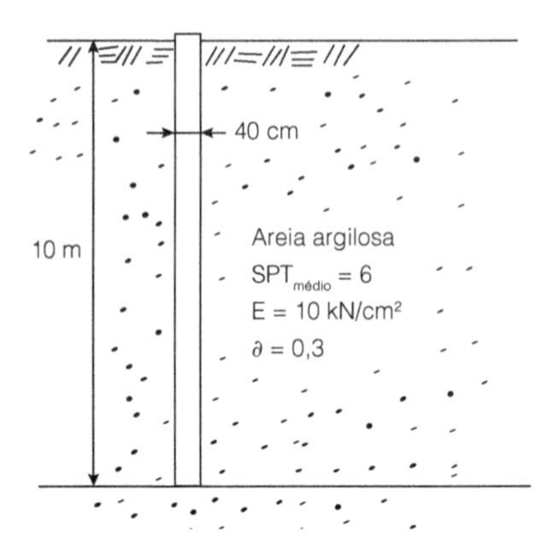

b) Método Décourt-Quaresma

$$r_\ell = \frac{N}{0,3} + 10 = \frac{6}{0,3} + 10 = 30 \text{ kN/m}^2$$

$$r_p = CN_{\text{médio}} = 400\left(\frac{6+20+20}{3}\right) = 6.133 \text{ kN/m}^2$$

$$PL = \pi \times 0,4 \times 10 \times 30 \cong 377 \text{ kN}$$

$$PP = \frac{\pi \times 0,4^2}{4} \times 6.133 = 771$$

$$PR = PL + PP = 1.148 \text{ kN}$$

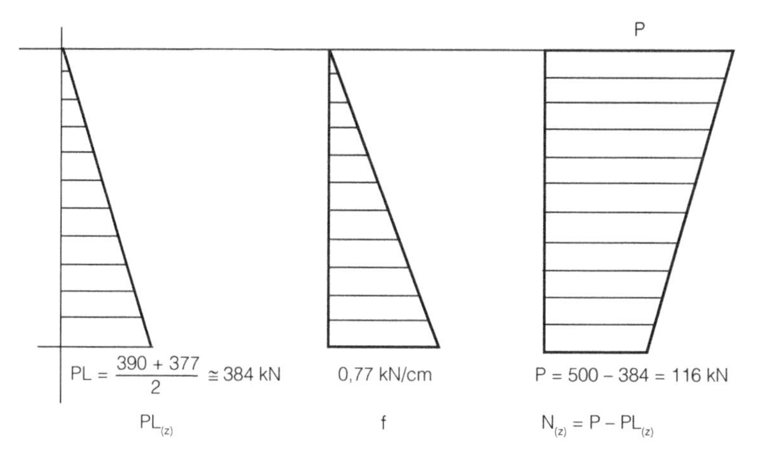

Para o cálculo dos recalques, precisamos adotar o valor da carga P. Se adotarmos P = 500 kN (valor ligeiramente inferior a PR/2), teremos:

a) recalque w_s do solo, obtido com base no diagrama de *f*:

$$w_s = 0,080 \text{ cm}$$

b) recalque elástico do fuste w_p

$$w_p = \frac{1}{1.257 \times 2.100}\left(\frac{500+384}{2} \times 1.000\right) = 0,167 \text{ cm}$$

Recalque total do topo da estaca para a carga P = 500 kN

$$w = w_s + w_p = 0,080 + 0,167 = 0,247 \text{ cm}$$

Assim, o valor de α será

$$\alpha = -\frac{\ell_n\left(1 - \frac{P}{PR}\right)}{w} = -\frac{\ell_n\left(1 - \frac{500}{1.200}\right)}{0.247}$$

$$\alpha = 2,182 \text{ m}^{-1}$$

e, portanto, a curva carga-recalque terá para expressão

$$P_i = 1.200(1 - e^{-2.182 \cdot wi})$$

Com base nesta expressão podem-se elaborar a tabela e a curva carga-recalque abaixo:

ω_i (cm)	P_i (kN)
0	0
0,2	424
0,5	797
0,7	939
1,0	1.064
1,5	1.155
2,0	1.185
5,0	1.200

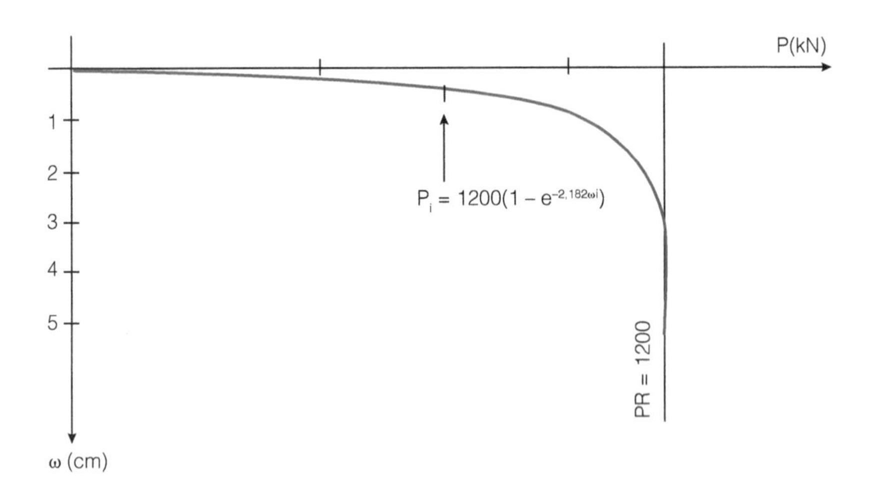

7.5 REFERÊNCIAS

[1] Alonso, U. R. *Estimativa da Curva Carga-Recalque de Estacas a Partir dos Resultados de Sondagens à Percussão.* Revista Solos e Rochas, dezembro de 1981.

[2] Amaral, A. B. T. *Contribuição à Previsão de Recalques em Fundações por Estacas.* VIII CBMSEF, Porto Alegre, 1986.

[3] Aoki, N & Lopes, F. R. *Estimating Stresses and Settlements Due to Deep Foundations by the Theory of Elasticity.* VPCSMFE, Buenos Aires, 1975.

[4] Aoki, N & Velloso D. A. *An Approximate Method to Estimate Bearing Capacity of Piles.* V PCSMFE, Buenos Aires, 1975.

[5] Décourt, L. & Quaresma, A. R. *Capacidade de Carga de Estacas a partir de Valores de SPT* VI CBMSEF, Rio de Janeiro, 1978.

[6] Gama e Silva, R. L.; Mori, M., Castro G. R. *Estimativa do Comportamento de Estacas Escavadas de Grande Diâmetro.* VII CBMSEF, Olinda, 1982.

[7] Pereira, M. S. G. *Estudo Comparativo de Alguns Métodos de Previsão de Deslocamento e de Capacidade de Carga de Estacas Escavadas.* Seminário da Área de Engenharia de Solos, USP, 1982.

[8] Van der Veen. *The Bearing Capacity of Piles.* 3th ICSMFE, Suíça, 1953.

[9] Vargas, M. *Uma Experiência Brasileira em Fundações por Estacas* – Conferências proferidas no LMEC, 1977, publicação da ABMS.

[10] Vargas, M. *Análise do Comportamento de Estacas Verticais Isoladas* – SEFE – S. Paulo, 1985, publicação da ABMS.

APÊNDICE A – CONVERSÃO DE UNIDADES

Todos os exercícios deste livro foram elaborados usando o Sistema Internacional de Medidas (SI) que adota como unidades fundamentais o metro (m), o Newton (N) e o segundo (s).

Os múltiplos e submúltiplos têm para símbolos os indicados na tabela abaixo.

Prefixo	**Símbolo**	**Fator pelo qual a unidade é multiplicada**
Tera	T	10^{12}
Giga	G	10^{9}
Mega	M	10^{6}
Quilo	k	10^{3}
Hecto	h	10^{2}
Deca	da	10
Deci	d	10^{-1}
Centi	c	10^{-2}
Mili	m	10^{-3}
Micro	M	10^{-6}
Nano	n	10^{-9}
Pico	P	10^{-12}
Femto	f	10^{-15}
Atto	a	10^{-18}

Entre o sistema internacional (SI) e o Sistema Prático (MKS), cujas unidades fundamentais são o metro (m), quilogramaforça (kgf) e o segundo (s) existe a correlação básica:

$$1 \text{ kgf} = 9{,}806 \text{ N} \cong 10 \text{ N}$$

Para aqueles que ainda não estão familiarizados com o Sistema Internacional, apresenta-se a seguir uma tabela de conversão de unidades, incluindo as unidades inglesas, pois muitos dos artigos e livros citados nas referências estão nessas unidades. As unidades fundamentais deste sistema são a libra (1b), cuja denominação em inglês é *pound*, o pé (ft) cuja denominação em inglês é *foot* e o segundo (s).

Para a elaboração das tabelas tomou-se como base as seguintes correlações fundamentais

1 kgf ≅ 10 N

1 1b = 0,454 kgf

1 ft = 12 in = 0,3048 m (in = polegada)

1 in = 0,0254 m

1 yd = 3 ft = 0,914 m (yd = jarda)

1 mi = 1.760 yd (mi = milha)

Os ingleses também usam a unidade "ton" que significa *Short ton* cujo valor é 2.000 1b ou seja, aproximadamente, 0,9 tf. Além disso, deve-se tomar cuidado para diferenciar kp (quilopondio) que é o nome dado na Europa ao quilograma-força, de kip (quilopound)

1 Kp = 1 kgf

1 kip = 1000 1b

Finalmente, muitas vezes são empregados os símbolos "k" para substituir "kip", (') para substituir "ft" e (") para substituir "in".

CONVERSÃO DE UNIDADES

1. Unidades de comprimento

Para converter	Em	Multiplicar por
(1)	(2)	(3)
1.1 Polegada (in) ou (")	Pé (ft)	0,0833
	Jarda (yd)	0,02778
	Milímetro (mm)	25,4
	Centímetro (cm)	2,54
	Metro (m)	0,0254
1.2 Pé (ft) ou (')	Polegada (in)	12
	Jarda (yd)	0,33333
	Milímetro (mm)	304,8
	Centímetro (cm)	30,48
	Metro (m)	0,3048

Para converter	Em	Multiplicar por
1.3 milha (mi)	polegada (in)	63360
	pé (ft)	5280
	jarda (yd)	1760
	centímetro (cm)	160900
	metro (m)	1609
1.4 milímetro (mm)	polegada (in)	0,03937
	pé (ft)	0,00328
	jarda (yd)	0,0011
1.5 centímetro (cm)	polegada (in)	0,3937
	pé (ft)	0,0328
	jarda (yd)	0,011
1.6 metro (m)	polegada (in)	39,37
	pé (ft)	3,2808
	jarda (yd)	1,1

2. Unidades de área

2.1 polegada quadrada (in^2)	pé quadrado (ft^2)	0,00694
	centímetro quadrado (cm^2)	6,4516
	metro quadrado (m^2)	0,00065
2.2 pé quadrado (ft^2)	polegada quadrada (in^2)	144
	centímetro quadrados (cm^2)	929
	metro quadrados (m^2)	0,0929
2.3 centímetro quadrado (cm^2)	polegada quadrada (in^2)	0,155
	pé quadrado (ft^2)	0,00108
2.4 metro quadrado (m^2)	polegada quadrada (in^2)	1550
	pé quadrado (ft^2)	10,764

3. Unidades de volume

Para converter	Em	Multiplicar por
(1)	(2)	(3)
3.1 polegada cúbica (in^3)	pé cúbico (ft^3)	0,00058
	centímetro cúbico (cm^3)	16,387
	metro cúbico (m^3)	0,000016
3.2 pé cúbico (ft^3)	polegada cúbica (in^3)	1728
	centímetro cúbico (cm^3)	28317
	metro cúbico (m^3)	0,02832
3.3 centímetro cúbico (cm^3)	polegada cúbica (in^3)	0,061
	pé cúbico (ft^3)	0,000035
3.4 metro cúbico (m^3)	polegada cúbica (in^3)	61024
	pé cúbico (ft^3)	35,315

4. Unidades de força

4.1 libra (pound) (1b)	quilolibra (kip)	0,001
	grama-força (gf)	454
	quilograma-força (kgf)	0,454
	tonelada-força (tf)	0,00045
	Newton (N)	4,54
	quilonewton (kN)	0,00454
4.2 Quilolibra (kip)	libra (1b)	1000
	quilograma-força (kgf)	454
	tonelada força (tf)	0,454
	Newton (N)	4540
	Quilonewton (kN)	4,54
4.3 Quilograma -força (Kgf)	libra (1b)	2,2046
	Quilolibra (Kip)	0,0022
	Newton (N)	10
	Quilonewton (kN)	0,1
	Meganewton (MM)	0,00001
4.4 Tonelada força (tf)	libra (1b)	2204,6
	quilolibra (kip)	2,0246
	Newton (N)	10000
	Quilonewton (kN)	10
	Meganewton (MN)	0,01

5. Unidades de pressão (ou de tensão)

5.1 libra /pol. quadrada (psi)	libra /pe^2 (psf)	144
	quilograma /cm^2 (kgf/cm^2)	0,0703
	tonelada /m^2 (tf/^{2})	0,703
	quilopascal (KPa = kN/^{2})	7,03
	megapascal (MPa = MN/m^2)	0,00703
5.2 libra/pé quad. (psf)	libra/pol.^{2} (psi)	0,006945
	quilograma /cm^2 (kgf/cm^2)	0,000488
	tonelada /m^2 (tf/m^2)	0,004882
	quilopascal (KPa = KN/m^2)	0,04882
	megapascal (MPa = MN/m^2)	0,000049
5.3 Quilograma /cm quad. (Kgf/cm^2)	libra /pol. quad. (psi)	14,223
	libra /pe quad. (psf)	2048
	tonelada/m quad. (tf/m^2)	10
	quilopascal (KPa = KN/m^2)	100
	quilonewton / cm. quad. (KN/cm^2)	0,01
	megapascal (MPa = MN/m^2)	0,1

5.4 Tonelada /m.quad. (tf/m^2)	libra/pé quad. (psf)	204,8
	quilograma/cm.quad. (Kg/cm^2)	0,1
	quilopascal (KPa = KN/m^2)	10
	quilonewton/cm quad. (KN/cm^2)	0,001
	megapascal (MPa = MN/m^2)	0,01
5.5 Atmosfera (atm)	libra /pol. quad. (psi)	14,696
	libra /pé quad. (psf)	2116
	grama/cm quad. (gf/cm^2)	1033
	quilograma/cm quad. (Kgf/cm^2)	1,033
	quilograma/m.quad. (Kg/m^2)	10,332
	tonelada/m quad. (tf/m^2)	10,332
	quilopascal (KPa = KN/m^2)	103,3
	megapascal (MPa = MN/m^2)	0,1033

6. Unidades de pesos específicos (válido também para a constante do coeficiente de reação η_h)

6.1 libra/pol. cub. (pci)	libra/pé cub. (pcf)	1728
	grama/cm cúb. (gf/cm^3)	27,68
	quilograma/m. cub. (Kgf/m^3)	27680
	tonelada/m. cub. (tf/m^3)	27,68
	quilonewton/m. cub. (KN/m^3)	276,8
	meganewton/m cub. (MN/m^3)	0,2768
6.2 libra/pé cub. (pcf)	libra/pol. cub. (pci)	0,00058
	grama/cm cub. (gf/cm^3)	0,016
	quilograma/m cub. (Kgf/m^3)	16,02
	tonelada/m. cub. (tf/m^3)	0,016
	quilonewton/m, cub. (KN/m^3)	0,16
	meganewton/m. cúb. (MN/m^3)	0,00016
6.3 quilograma/cm cúbico (kg/cm^3)	tonelada/m cúb. (tf/m^3)	1000
	quilonewton/m cúb. (kN/m^3)	0,01
	meganewton/m. cúb. (MN/m^3)	10

Nota: para se converter as unidades da coluna (2) nas unidades da coluna (1) basta substituir a frase da coluna (3) por "Dividir por", usando-se os mesmos fatores.